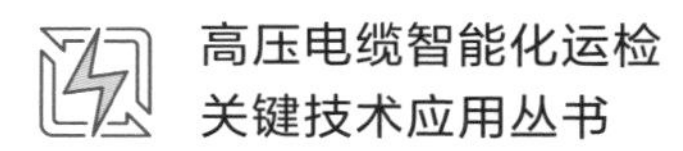

高压电缆智能化运检
关键技术应用丛书

电力电缆
智能感知装备及应用

主　编　李　光
副主编　尚　彤　赵　洋　熊益多

中国电力出版社
CHINA ELECTRIC POWER PRESS

内 容 提 要

为加强电力电缆在线监测装置运维管理，确保全部装置安全可靠运行，提升运维标准化、精益化管理水平，更好地辅助运维检修决策制定，国网北京市电力公司电缆分公司组织有关专家和专业技术人员编写了本书。

本书内容共包括六章，分别为常见缺陷隐患及危害、典型感知技术原理及应用、新型智能感知技术原理及应用、常用感知通信及组网技术、感知数据的平台化应用、缺陷及故障判别典型案例。本书可进一步促进国内高压电力电缆健康诊断水平的快速提升，为专业运检人员开展设备健康诊断工作提供翔实的理论基础和操作方法。

本书可为高压电力电缆专业的相关运行维护、试验和检修工程技术人员、管理人员提供现场应用参考，也可作为设备制造商研发人员及高等院校师生的参考用书。

图书在版编目（CIP）数据

电力电缆智能感知装备及应用/李光主编．—北京：中国电力出版社，2024.12
（高压电缆智能化运检关键技术应用丛书）
ISBN 978-7-5198-8703-2

Ⅰ．①电…　Ⅱ．①李…　Ⅲ．①电力电缆－智能技术－研究　Ⅳ．①TM247

中国国家版本馆 CIP 数据核字（2024）第 039194 号

出版发行：中国电力出版社
地　　址：北京市东城区北京站西街 19 号（邮政编码 100005）
网　　址：http://www.cepp.sgcc.com.cn
责任编辑：赵　杨（010-63412287）　代　旭
责任校对：黄　蓓　朱丽芳
装帧设计：张俊霞
责任印制：石　雷

印　　刷：三河市万龙印装有限公司
版　　次：2024 年 12 月第一版
印　　次：2024 年 12 月北京第一次印刷
开　　本：710 毫米×1000 毫米　16 开本
印　　张：11.25
字　　数：167 千字
印　　数：0001—3500 册
定　　价：65.00 元

编　委　会

前言

《高压电缆智能化运检关键技术应用丛书》紧扣高压电力电缆及隧道无人化巡检、透明化管控、大数据分析等新兴智能化技术装备应用，以新一轮国家电网有限公司高压电力电缆专业精益化管理三年提升方案（2022～2024）为主线，以运维检修核心技术成果为基础，以数字化、智能化装备现场应用成效为抓手，以推动高压电力电缆专业高质量发展和培养高压电力电缆专业运检管控成效，助力加快构建现代设备管理体系，全面提升电网安全稳定运行保障能力。

《高压电缆智能化运检关键技术应用丛书》共 6 个分册，内容涵盖电力电缆运维检修专业基础和基本技能、电力电缆典型故障分析、电力电缆健康状态诊断技术、电力电缆振荡波试验技术、电力电缆立体化感知和数据分析技术等。丛书系统化梳理汇总了电力电缆专业精益化运维检修的基础知识、常见问题、典型案例，深入理解专业发展趋势，详细介绍了电力电缆专业与新型通信技术、数据挖掘技术等前沿技术的成果落地和实践应用情况。

本书为《电力电缆智能感知装备及应用》分册。各类感知终端能有效及时地检测电力电缆中的绝缘缺陷和潜伏的故障，避免由电力电缆突发性故障造成电网供电中断的恶性事故，是电力电缆预知性维护的重要部分，备受电力企业的关注。特别是近年来，研究人员提出对电力电缆在运行过程中显现的物理特性如电力电缆本体及隧道环境内温度、接地电流、网络局部放电等进行在线监测，并基于监测结果推断电力电缆的运行状态。上述方法可及时获取电力电缆状态信息，对提早发现故障隐患，防止运行事故十分有效，是未来电力电缆运行维护的重要手段。本书首先阐述了电力电缆的常见缺陷隐患及危害，并由浅入深地介绍了目前常见的典型在线监测感知技术原理及应用，并对新型智能感知技术和感知数据平台化进行了详细介绍。可有效提升电力电缆专业运检人员对各类智能感知设备技术的了解，同时提供了可供参考缺陷与故障判别典型案例。

在本书编写过程中，也参考了各类教材文献中的内容和研究结论，邀请了国家电网有限公司部分单位的有关同志、专家学者共同讨论和修改，在此一并向他们表示衷心的感谢！由于编写时间有限，难免存在部分不足和疏漏之处，恳请各位专家和读者指正。

编　者

2024 年 10 月

目录

第一章
电力电缆常见缺陷隐患及危害

随着我国经济持续快速发展，人民生活水平不断提高，社会对电力能源的需求日益增长，带动电网输电线路建设规模不断扩大。电力电缆是电网输配电系统中的重要设备之一，其制造技术至今已经发展了 130 多年，最早的电力电缆可以追溯到 1890 年，由英国首次制造了纸带绝缘的 10kV 同轴电力电缆，早期电力电缆绝缘方式为油纸绝缘，在 20 世纪初期出现了充油绝缘电缆和充气绝缘电缆。随着电力系统的不断发展，传统的电力电缆绝缘方式难以满足不断提高的输电系统电压等级的需求，材料科学在 20 世纪 70 年代后的快速发展推动了电力电缆制造技术的进步，以交联聚乙烯（cross linked polyethylene，XLPE）为代表的高分子材料绝缘电缆先后出现。XLPE 材料具有机械性能好、耐高温、质量轻等优点，在高压电力电缆的制造中得到大量的应用。电力电缆与架空线路相比较，具有供电可靠性高、传输同等功率损耗小、不占用地面空间、受外界影响小等优点，因此广泛应用于 110kV 及以上的城市中的高压输配电网中。自 2016 至现在，我国 35kV 及以上输电线路电力电缆回路年增长率始终稳定在 11%左右。

XLPE 电力电缆线路在投运初期（一般为 1～5 年），因电缆及附件或敷设安装的质量问题而容易发生故障；运行中期（5～25 年），线路的故障率较低，但故障类型繁多，包括电力电缆本体绝缘老化引发的故障、附件界面处的沿面放电及外力破坏等；运行末期（25 年之后），受电力电缆本体绝缘的树枝老化、电-热老化及附件老化的影响，电力电缆的故障率大幅上升。运行经验表明，电力电缆线路故障是引发电网事故，造成重大经济损失的重要原因。因此，准确掌握电力电缆线路的运行状态，对合理处置故障隐患，保障电网稳定运行具有重要的意义。

第一节　电力电缆常见缺陷

电力电缆运行系统由电缆本体和附件共同构成。其中，附件又包括中间接头、终端接头及交叉互联系统。电力电缆系统在生产、运输、安装和运行过程中，均可能因生产工艺不良或人为操作不当而引入缺陷。XLPE 电力电缆系统中的缺陷种类及危害见表 1-1，在运行过程中，表 1-1 中缺陷受外施电场作用而发生局部放电、局部温升、介质损耗增大等物理现象，加速电缆系统老化，甚至造成电缆系统事故。研究证明，上述物理现象会以声、光、电、热等形式表现出来。通过在线监测或检测这些信息，能及时了解电缆系统的运行状态，保障其安全、可靠地运行。

表 1-1　　XLPE 电力电缆系统中的缺陷种类及危害

缺陷种类及危害	缺陷位置		
	本体	中间/终端接头	交叉互联系统
缺陷种类	（1）电缆导体偏心。 （2）本体绝缘中或绝缘与半导电层间的微创。 （3）本体绝缘中的杂质和气泡。 （4）电缆导体线芯表面不光滑，内外半导电层有凸起，绝缘屏蔽厚度不均。 （5）本体绝缘老化形成的水树枝和电树枝。 （6）金属护套密封不良，运行中破损、锈蚀。 （7）绝缘外护套脆化、破损、外力破坏。 （8）电缆外护套受生物或化学腐蚀。 （9）由于地面运动，热膨胀-收缩（弯曲）引发的附加机械应力。 （10）低温条件下施工引起的机械损伤	（1）安装错误形成缺陷。包括引入潮气、杂质、金属颗粒、半导电层断口划痕、导体连接器出现棱角等。 （2）附件与电缆绝缘结合面过赢配合处理不当。 （3）充油终端油位变化或油变质。 （4）附件绝缘的老化。 （5）附件受化学或生物腐蚀。 （6）外力破坏	（1）交叉互联系统接线错误。 （2）护层保护器性能下降或击穿。 （3）互联箱进水。 （4）接地不良或被盗。 （5）互联箱接触不良
缺陷危害性	可造成水分渗入、树枝状老化、金属护套锈蚀、多点接地、局部过热等，导致电缆发生故障	可造成附件/本体绝缘交界面处电气强度下降、附件机械损伤、局部过热等，导致电缆发生故障	可造成护层电压过高、环流过大、电缆及附件过热烧伤、受潮等导致电缆发生故障

此外，国家电网有限公司制定了Q/GDW 11262—2014《电力电缆及通道检修规程》，对电力电缆计划性检修工作做出了系统性的规定，涵盖了检修项目、检修内容与技术要求等相关内容，并基于现场试验的工作经验，按照缺陷发生的位置对电力电缆缺陷进行了划分，电力电缆的常见缺陷类型见表1-2。

表1-2　　电力电缆的常见缺陷类型

缺陷位置	缺陷类型
电缆本体	主绝缘异常
	外护套损伤
	金属护层变形、破损
电缆接头	电缆接头变形、破损
	电缆接头发热
	接地箱、交叉互联箱箱体破损
接地系统	接地箱、交叉互联箱内部设备破损
	交叉互联连接方式不正确

第二节　隧道常见隐患

一、隧道结构隐患

我国电力电缆隧道最早建设于二十世纪七八十年代，起步相对较晚，其早期设计标准普遍不高，多采用砖混结构。由于大型、重型车辆的长期碾压，隧道结构出现混凝土顶板板底混凝土开裂及剥落、板底钢筋裸露等问题。近年来，地铁、热力、燃气等各种地下管线大规模施工对隧道周围土体的扰动，致使老旧砖混隧道出现了诸多问题，严重威胁内部管线和市政道路的安全运行。如部分电力电缆隧道已经出现了墙体开裂、受力钢筋锈蚀抗拉强度降低、混凝土保护层脱落和结构材料强度降低等问题，存在塌陷与断裂的隐患；电力电缆隧道通常建于地下，所以隧道内部经常会出现渗漏水事故，敷设于其内部的高压电力电缆等电力设施对水非常敏感，而且渗漏水会侵蚀混凝土并破坏隧道结构的稳定性，对主要受力部件及电力电缆产生不同程度的腐蚀，具有极大的安全隐患。

以某地区为例近年来电力电缆隧道结构典型破坏案例的有：

（1）2012 年某段电力电缆隧道下土体发生迁移沉降，造成约 50m 底板和单侧侧墙发生沉降变形，导致隧道主体结构开裂、渗水。

（2）2014 年对某立交桥下电力电缆隧道进行检测时发现，主体结构上产生大量结构开裂。

（3）2014 年有 3 条电力电缆隧道由于邻近区域有地铁开挖施工，施工过程中注浆浆液侵入电力电缆隧道围岩，电力电缆隧道很大范围内产生变形缝严重错动、步道起拱、隧道结构环状开裂，局部产生较大裂缝，浆液涌入，对电力电缆等设施造成了破坏。

以上这些破坏均是在运维人员定期检查时发现的，隧道结构何时产生变形，何时发生结构破坏无法确定，导致发生严重破坏之后才采取紧急加固和修补措施。此类事件反映出定期的巡查和检测无法实时反映出隧道结构的状况，无法及时对隧道结构隐患或损伤进行报警，对事故的应急反应严重滞后。

1. 隧道冻害

在气候寒冷区域的隧道内部经常会出现冻害问题，因为气温低下，所以隧道内部的积水容易凝结成冰，从而导致隧道内部设备被冻住，同时由于物体形态转换，围岩会出现冻胀问题，这不但会对隧道整体的稳定性和安全性造成影响，还会阻碍电力电缆设备功能的正常发挥。

冬季气候寒冷地区的温度经常保持在 0℃以下，并且气温下降的速度也较快，冻融现象经常交替出现，这些问题是导致隧道出现冻害问题的主要原因。一旦隧道内部出现冻害问题，会对内部结构造成破坏，进而引发后续的安全事故。

2. 地震灾害

在发生频率较高的自然灾害中，地震灾害的破坏性最大，可直接摧毁整个建筑体的内部结构。然而，因为隧道的地震灾害发生在地下，并且地下并不存在用于居住、生产的建筑物，所以人们缺乏对于隧道地震灾害的足够关注。

在十几年前的汶川大地震发生后，尽管新闻媒体并未报道有关地震灾害对电力电缆隧道影响的事件，但是很多道路因为地震而受到很大程度的损坏，甚至发生滑坡事故、隧道口堵塞、墙体裂缝掉落等问题。更重要的是，如果隧道内部的结构受到破坏，在后期工程人员需要花费大量的精力和成本来完成修复工作，并且修复难度较高。对于城市地区，电力隧道就相当于生命线，所以隧道地震灾害会影响整个城市的正常运行和后续发展。

3. 渗漏水

很多城市地区处于沿海沿江地带，所以地表以下的水位比较高，电力电缆隧道一般修建在地下，所以隧道内部经常会出现渗漏水事故。

渗漏水是电力电缆隧道内部发生频率较高的水害问题，根据水流量和渗漏部位可划分为顶部侧部滴水、渗水、射水、漏水等类型。根据水源的补给状况可划分为地表水补给和地下水补给 2 种渗漏情况。地表水补给和地下水补给之间也存在不同，前者的补给量会受地表径流的影响，而地表径流又受季节因素的影响；后者的水流较为稳定，所以基本不会出现较大变化。一旦隧道出现渗漏水问题，就会影响到电子设备的正常使用、检修工作的顺利进行、内部结构的稳定性，更严重还可能会影响到电力电缆隧道的正常运营。

4. 结构裂缝和结构损坏

在电力电缆隧道的日常运营过程中，内部结构需要承担来自四周土层的压力，而水文地质和所在地区的地质都会对土层压力的大小产生影响。其次，结构受压大小还会受到施工技术和施工效果的影响。隧道结构不仅会承受来自土层的压力，还会承受来自水层的压力，当隧道修建在气候恶劣的区域时，冻胀压力也是内部结构需要承受的一大压力。隧道内部结构裂缝还会引发后续一系列问题，例如渗漏水，可腐蚀内部电力设备。

5. 衬砌腐蚀

因为电力电缆隧道被修建在地层中，而地层结构并不稳定，会出现各种各样的变化。尤其是当周边环境中存在腐蚀物质时，聚集在地下的积水会随着结构裂缝和漏洞渗漏出来，进而侵蚀结构，引发衬砌腐蚀问题。同时，水泥品质和混凝土材质也可能是导致隧道出现衬砌腐蚀问题的主要原因，带有侵蚀性物质的环境水会渗漏到结构内部。如果隧道内部出现衬砌腐蚀问题，就会导致土质疏松、土层强度减弱，而衬砌的承载力也会随之受到影响，进而阻碍电力电缆设备的正常使用。

二、火灾风险隐患

在城市地下电力电缆隧道所有的安全事故中，隧道火灾事故是威胁电力运输和城市安全的首要灾害，特别是国内外频繁发生了多起严重的电力电缆隧道火灾事故。

（1）2015 年 4 月，英国伦敦位于 Holborn 地区的一处电力电缆隧道发生火灾，消防人员花了 7 个小时才基本将大火控制，火灾共造成市中心 5000 人紧急疏散，超过 3000 户家庭和企业无法供电，城市运行陷入瘫痪。

（2）2016 年 8 月，辽宁大连市大连海事大学附近 66kV 电力电缆隧道起火，事故造成大连市区内大面积停电 6h 以上，道路信号灯、自来水厂、医院、银行、超市都受到了停电的影响，无法正常运行，严重影响了城市的正常运行秩序。

（3）2018 年 11 月，韩国电信运营商 KT 位于首尔某处的电力电缆隧道发生火灾，火灾共烧毁了 16.8 万股电话线和 220 套光缆，使首尔地区网络全线瘫痪，金融结算系统、警察局报警系统、医院急救系统等均无法正常使用，火灾造成的影响已上升到了影响国家安全的层面。

（4）2020 年 5 月 4 日凌晨，位于西安市高新区的地下隧道综合体工程施工现场内电力电缆桥架起火，多条电缆线路故障，造成周边区域约 6000 户用户停电。

（5）2009 年 2 月 10 日，昆明市区东南部由于高压电力电缆外护套被盗引发短路起火，造成两回 220kV 电力电缆、两回 110kV 电力电缆烧损，220kV 官渡变电站等多个变电站全站失压，导致昆明市区东南部发生大面积停电，影响恶劣。

电力电缆隧道内存在较多的可燃物，主要包括电力电缆护套层、绝缘层材料及电缆接头中的环氧树脂等，引起电力电缆隧道发生火灾的原因可分为电力电缆自身故障引起着火和外界因素引发着火。据相关研究统计，约 30%的电力电缆隧道火灾事故源于电力电缆自身故障，其余约70%的事故由外界因素引起。

电力电缆自身故障主要包括3个方面：

（1）电缆接地不良或短路。电缆接地不良导致电缆护套层悬浮电压升高，击穿绝缘的电弧可能引燃电缆，发生火灾。电缆受水浸渍或其他原因导致电缆发生接地和短路事故时，过电流将引起电缆过热而自燃。

（2）电缆及其附件质量或施工工艺不达标。电缆本身质量不达标，或电缆接头因制造、安装工艺不良等，可能导致运行中电缆接头氧化、局部发热或爆炸引起火灾。

（3）电力电缆绝缘老化或长期过负荷运行。电缆使用寿命一般为15～20年，运行时间的增加会使其逐渐老化，容易引起自燃。此外，长期过负荷运行也将损坏电缆绝缘，容易造成电缆短路起火。

外界因素较为复杂，主要包括3个方面：

（1）施工引起的焊接火花飞溅或机械性损伤。施工过程中，电气焊接产生的火花飞溅，可能会引起电缆火灾；外力导致的电缆机械性损伤，可能导致接地故障并引发火灾。

（2）外部火灾蔓延引燃。电缆隧道防火措施不完善，可能造成外部火灾侵入，引燃电缆从而扩大火灾事故。

（3）鼠害。电缆隧道内冬暖夏凉，是老鼠的“理想”栖息地，电缆容易被老鼠咬坏并造成接地或短路起火。

三、电力电缆隧道火灾事故特点

电力电缆隧道属地下建筑物，无法自然采光，且为狭长的管道空间。这些建筑构造特点决定其火灾事故主要呈现以下特点：

1. 起火点隐蔽，初期难以被发现

封闭性是电缆隧道的基本特点，而且其空间结构形式复杂多样，使起火点的位置在火灾初期无法被及时发现，因此难以对初期火灾采取有效的灭火措施，也无法对其进行有效控制，最终可能造成严重后果。

2. 气热难以扩散，火灾蔓延速度快

电力电缆隧道发生火灾事故后，受到地形等自然因素限制，产生的气热难以快速扩散，烟气积聚达到一定阈值后会出现爆燃的情况。由于电缆堆叠密集布置、可燃物连续排列、通道狭小热量不易排出等特点，火势会沿着电缆线迅速蔓延燃烧。电缆燃烧过程中还会释放出大量高浓度可燃气体和浓烟，在隧道内特定气流作用下，温度、浓烟急剧上升，将进一步加速火势的蔓延。实验表明，电缆火灾传播速度一般可达 20m/min，即使在电缆发生爆炸后迅速切断电源，也难以控制火势。

3. 空间狭窄，灭火难度大

一方面，电力电缆隧道内部具有较大的纵深且空间狭窄，电缆桥架密集堆放，影响灭火救援行动的实施；另一方面，电缆隧道封闭且照明条件差，发生火灾时，隧道内迅速充满有毒有害烟气（一氧化碳和氯化氢等），能见度低，严重危害救援人员身体健康并影响灭火救援行动。因此，电缆隧道一旦着火，灭火抢救非常困难。

4. 损失严重，恢复困难

电缆隧道着火，常常会造成严重的火灾，不仅烧毁大量的电缆和电气设备，还会引发大范围的停电，严重影响人们的生产生活。电缆隧道发生火灾，后期修复难度极大、时间长，也会造成巨大的经济损失。

第三节 常见检测监测手段

一、局部放电检测

局部放电法是目前检测 XLPE 电缆绝缘状况最有效的手段。电力电缆绝缘老化是由杂质、气隙、凸起毛刺等缺陷引起的，在电场、热、机械、化学等因素的共同作用下以局部放电、树枝老化等形式表现出来，但最终以电树枝的形式导致电缆绝缘的击穿，XLPE 电力电缆绝缘在树枝老化过程中会产生不同频率的局部放电信号。虽然局部放电的放电量较小，不会立刻造成事故，但局部放电现象会随着时间产生积累效应最终导致绝缘击穿。从局部放电引发击穿的机理可以看出，局部放电可以作为检测设备劣化程度的标准。电缆局部放电在线监测有两个关键环节，分别是对监测信号的去噪和对局部放电的识别。局部放电检测常用的方法有脉冲电流法、差分法、高频电感耦合法、超高频法、声发射法等。

（一）脉冲电流法

用脉冲电流法对高压电力电缆及电缆附件进行局部放电检测时，通常通过高频电流传感器（high-frequency current transformer，HFCT）或检测阻抗来获取局部放电信息，脉冲电流法接线图如图 1-1 所示。将高频电流传感器安装在电缆终端屏蔽层的接地线上，通过感应流过电缆屏蔽层接地线的局部放电脉冲电流来检测局部放电，同时也可通过检测脉冲电流在检测阻抗上形成的脉冲电压来获取局部放电信息。该方法广泛应用于电缆敷设后的交接验收实验和运行中的在线监测。

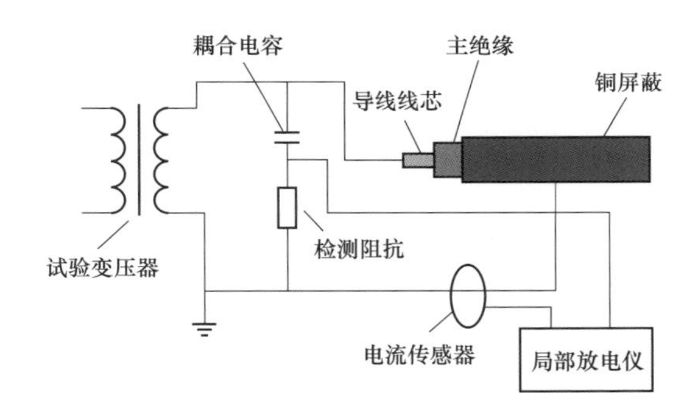

图 1-1　脉冲电流法接线图

（二）差分法

差分法是利用桥式平衡电路的原理，在电缆中间接头两边的护套上各贴一片金属薄膜电极，通过这些电极进行局部放电信号采集和校验脉冲输入。差分法既简单又安全，适于现场试验及在线检测。图 1-2 为差分法接线示意图。将 2 片金属薄膜电极贴在 XLPE 电缆中间接头两端的金属屏蔽筒上，金属薄膜电极与金属屏蔽筒之间构成一个 1500～2000pF 的等效电容，两金属薄膜电极之间连接一个检测阻抗，金属薄膜电极与金属蔽筒之间的等效电容、电缆绝缘等效电容与检测

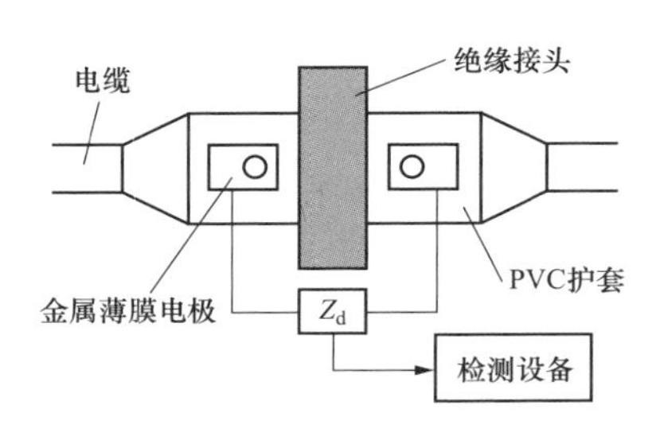

图 1-2　差分法接线示意图

阻抗三者构成了检测回路。

差分法的优点是不必加入专门的高压源和耦合电容，无须改变电缆接线。此外由于差分法检测回路类似于差动平衡回路，所以来自导线的噪声信号不能在检测阻抗两端产生压降，因而可以很好地抑制噪声。另外差分法的灵敏度与传感器的面积以及传感器和电缆外半导层之间的间隙宽度有关系，因而通过调整传感器的面积和传感器与电缆外半导层之间的间隙宽度可以提高差分法的检测灵敏度，缺点是差分法只适用于电缆中间接头的局部放电检测。

（三）高频电感耦合法

高频电感耦合法是将带状线圈作为传感器对电力电缆进行局部放电在线检测的方法。图 1-3 为高频电感耦合法的示意图。当局部放电所产生的脉冲电流在电缆接地螺旋状金属屏蔽层中流动时可分解为沿电缆表面切向和沿电缆轴向两个方向的电流分量。其中轴向分量可在包绕电缆表面的带状传感器上产生感应电压，这样检测系统就可以通过传感器的感应电压信号检测出电缆的局部放电信号。

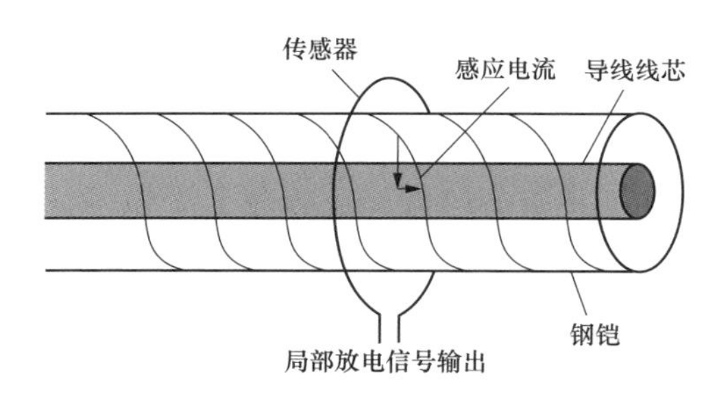

图 1-3　高频电感耦合法示意图

二、温度监测

电缆在运行过程中，线芯流过大电流时可通过监测电缆的温度，获取电缆绝缘的工作状况；也可通过计算线路的载流量，了解线路运行状态。目前，应用比较广泛的电缆温度测量方法是分布式光纤测温。该方法主要依据光纤的光时域反射原理及光纤的背向拉曼散射温度效应。当频率为 f 的激光入射到光纤中，它在光纤中向前传输的同时不断产生后向散射光波。

红外热成像技术也常被应用于电缆附件的在线温度检测。该技术是利用红外探测器、光学成像物镜和光机扫描系统接收被测目标的红外辐射，将其能量分布图形反映到红外探测器的光敏元件上。在光学系统和红外探测器之间，采用光机扫描机构对被测物体的红外热像进行扫描，并聚焦在单元或分光探测器上，由探测器将红外辐射能转换成电信号，经放大处理，转换成标准视频信号通过电视屏或监测器显示。该热像图与物体表面的热分布场相对应，与可见光图像相比，缺少层次感和立体感。为更有效地判断被测目标的红外热分布场，常采用一些辅助手段来增加仪器的功能，如图像亮度、对比度的控制，伪色彩描绘等技术。运行经验表明，电缆附件发生故障前，缺陷经常伴生局部发热，采用红外热像仪对电缆附件进行有针对性的在线检测，可发现电缆附件的发热性缺陷，及时做出相应防范措施，防止电缆故障的发生。该项技术目前已在北京、天津、上海等地的110kV 及以上电缆终端检测中获得应用，并已获得了较理想的效果。该技术的优点是测量灵敏度高、结果直观、可靠性好，但测量结果难以对缺陷程度准确定量。

三、接地环流监测

110kV 及以上电压等级的电力电缆均为单芯电缆，因电缆金属护层与线芯中交流电流产生的磁力线相铰链，使其出现较高的感应电压，故需采取接地措施。通常，短线路（500m）电缆的金属护层采用一端直接接地，另一端经间隙或保护电阻接地的方式；长线路（1000M 以上）电缆的金属护层则采用三相分段交叉互联，两端接地的方式。若金属护层破损、金属护层出现两点或多点接地时，会产生较大环流，严重时可超过负荷电流的 50%。环流损耗使金属护层发热，加速电缆主绝缘的老化，威胁电缆安全运行。监测电缆的接地电流，可获取电缆外护套的完整性信息。此外，当电缆主绝缘内的水树枝发展时，其电容量发生变化，使得流经主绝缘的容性电流发生变化。在线监测接地电流中容性分量的变化，也可获取电缆绝缘老化的信息。

四、介质损耗因数 $\tan\delta$ 在线监测

$\tan\delta$ 作为反映电介质材料介电特性的基本参数，被广泛应用于电力设备的绝缘检测中。$\tan\delta$ 是由电流互感器和电压互感器分别将流过电缆绝缘的电流和电缆上的电压通过数字化测量装置测得的。

典型的 $\tan\delta$ 在线检测法是检测两个正弦波过零点的时间差，再通过频率和时间差来计算相位差。但该方法对过零点的检测精度要求很高，对测量信号本身的要求也较高。哈尔滨理工大学的朱博提出了一种基于双电流传感器法的双端同步测量 $\tan\delta$ 的在线监测方法，双端同步测量 $\tan\delta$ 在线监测法不受电网谐波、频率波动等因素的影响，能够准确反映出故障相电力电缆绝缘 $\tan\delta$ 的变化，且这种方法适用于任何连接方式的长距离电力电缆绝缘的在线监测。

五、隧道有毒有害气体实时监测

电力电缆隧道内有时会产生由于内部绝缘材料老化产生的有害气体、不良沉积物变质挥发气体或外界有害气体侵入并聚集的现象，空气内含氧量的异常、有害气体（包括易燃易爆气体、有毒气体和腐蚀性气体）在隧道内的聚集不但会直接影响电缆设备的安全，提高隧道火灾的风险程度，更会威胁到进入隧道进行巡视维护工作的人员的生命安全。因此电缆隧道内应安装气体探测器以监测隧道内有害气体的含量及空气的品质。

六、隧道视频监控系统

隧道视频监控系统由前端的红外一体化夜视监控摄像机、视频光端机、站端视频服务器组成，对重点区域进行实时图像监控。

（1）系统通过中央计算机工作站一方面供管理人员对各监视点实施监视，另一方面对控制视频信号进行数字化编辑、存储、显示。

（2）通过软件设置的监控模式、来自其他系统的联动信息或管理员通过控制

操作台发出指令，启动视频系统切换，将相应的摄像机摄取的图像切换至监视器进行观察并数字化存储。所有摄像机的图像均叠加编号、日期与时间等信息，并通过网络视频录像机（netword video recorder，NVR）予以记录存储，以便一段时间的备案及检索。

（3）系统具有自动切换、循环和定点显示图像等功能。

（4）隧道入侵防范和环境监测是视频监控系统中的一项重要功能，本系统在隧道重要位置实时收集各类隧道运行信息，并作为隧道运营维护的重要参考依据。

电缆隧道视频监控子系统主要由双光红外摄像机、网络视频录像机（NVR）、操作键盘、高清监视器等组成。

第二章 电力电缆典型感知技术原理及应用

第一节 高压电力电缆本体

一、分布式光纤测温

分布式光纤测温系统（distributed temperature sensing system，DTS）是一款连续分布式光纤温度传感系统，具有测量距离远、测量精度高、响应速度快、抗电磁干扰、适于燃爆等危险场所等优点，广泛应用于高压电缆智能感知、电力载流量分析、电力隧道火情监测等领域。目前，已在部分 110kV 及以上重点线路中应用。

（一）功能、原理和结构

1. 功能

分布式光纤测温系统的主要功能是对电缆温度进行全程监测，能连续测量光纤沿电缆各点的温度点，及时发现局部温度异常位置，分析线路的绝缘问题，保障电缆持续安全运行。

2. 原理

系统主要采用拉曼散射和光时域反射技术作为温度测量主要手段。探测光进入光纤，在传输过程中产生自发拉曼散射，其产生的后向反斯托克斯光对温度敏感，即随温度增加而加强。再结合光时域反射技术进行空间定位，并通过分析比较后向拉曼散射信号，即可得到光纤沿线任一点对应的温度信息。从而实现目标物体温度信息的实时分布式监测。可以实现温度和距离的测定，其中激光散射光谱分析原理图如图 2-1 所示，光纤后向散射原理示意图如图 2-2 所示。

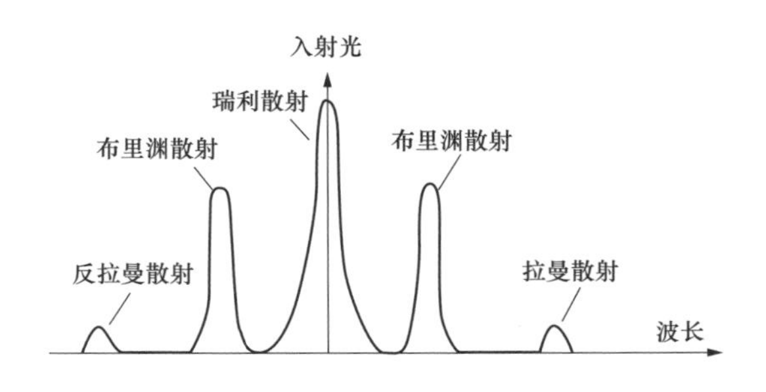

图 2-1　激光散射光谱分析原理图

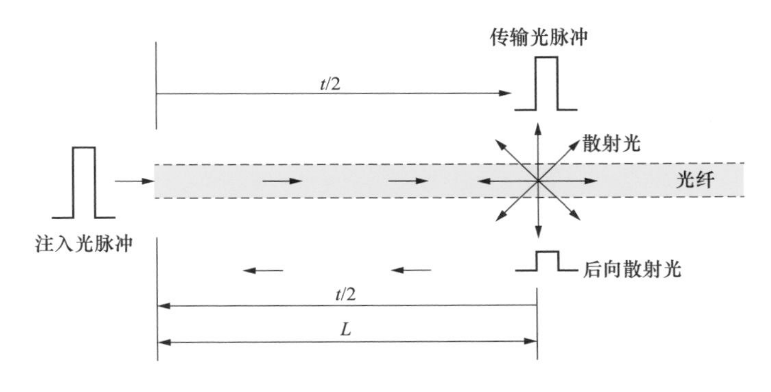

图 2-2　光纤后向散射原理示意图

3. 结构

分布式光纤测温系统由激光源、信号处理模块和测温光纤等装置组成，分布式光纤测温原理图如图 2-3 所示。

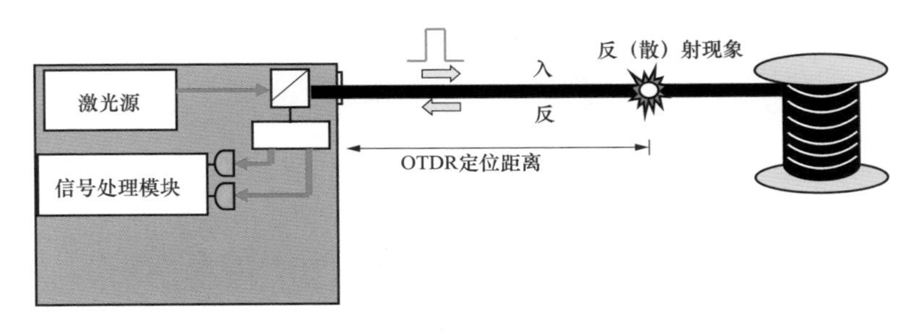

图 2-3　分布式光纤测温原理图

（二）参数及曲线图

以某 110kV 电力电缆线路测温光纤为例，该测温光纤型号及技术参数见表 2-1。

表 2-1　　某 110kV 电力电缆线路测温光纤技术参数

技术参数名称	要求值
光纤模式	50/125μm 多模光纤
芯数	2 芯
外部直径	不大于 6mm
外护套材料	低烟低卤，阻燃型热塑材料
抗张强度	工作时不小于 400N；敷设时不小于 800N
抗压强度	工作时不小于 300N/10cm；敷设时不小于 1000N/10cm
允许的曲率半径	工作时光缆外径的 15 倍；敷设时光缆外径的 20 倍
衰减系数	波长 850nm 条件下：≤2.7dB/km；波长 1300nm 条件下：≤0.5dB/km
温度范围	安装：−5～50℃；长期：−20～85℃；短时（60min）：−20～150℃
使用年限	30 年

1. 测温光纤敷设安装

测温光纤在电缆本体处一般进行平行布置，每隔 500m 预留 5m 光纤环，光纤环放置在高压电力电缆上，不得挂在支架上；测温光纤固定间隔不大于 0.5m。在穿墙处电力电缆终端及中间接头处测温光纤上装设标签，标注起点、终点、距离。

2. 测温光纤贯通测试

应确保测温光纤全体贯通。

3. 测温光纤损耗测试

利用光时域反射仪或系统自带测试软件，确保单点损耗小于 0.02dB 且不得出现气泡。

4. 开展温度校验

以其中一条测温光纤为例，经现场实际加热校验，该测温光纤实际测量温度和测温主机得出温度相符合，系统显示测温曲线如图 2-4 所示。

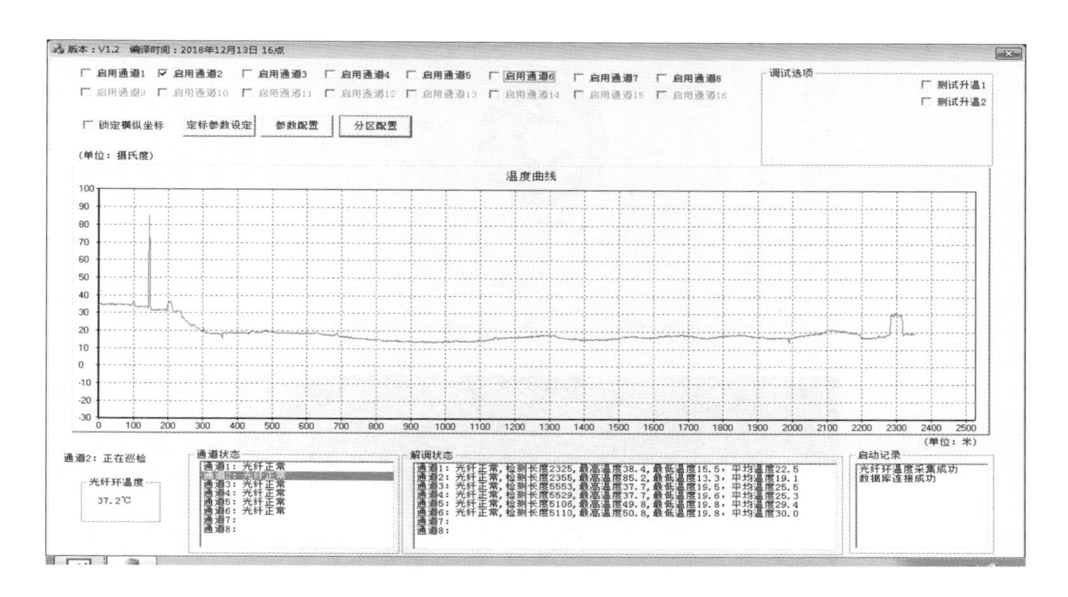

图 2-4　分布式光纤测温曲线

除以上常用布置要求外，在中间接头等重要电力电缆附件处，为实现精确定位，特别进行额外处理，其中：电缆中间及终端接头测温光纤以双环形缠绕在电缆中间接头及终端上，相邻双环间距不超过 20cm，在尾管处等易发热部位进行紧密缠绕，光纤缠绕示意图及现场案例如图 2-5 和图 2-6 所示。最后，通过现场加热传动与平台曲线进行比对，准确定位重要接头位置，并在精益化系统中进行标注，完成最终定位。

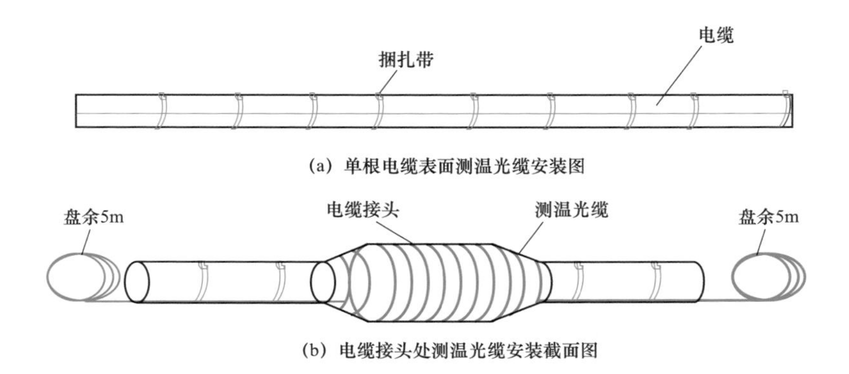

(a) 单根电缆表面测温光缆安装图

(b) 电缆接头处测温光缆安装截面图

图 2-5　光纤缠绕示意图（一）

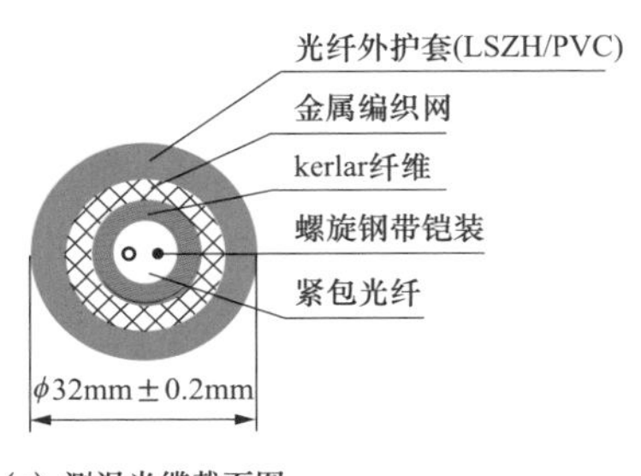

(c) 测温光缆截面图

图 2-5　光纤缠绕示意图（二）

图 2-6　测温光纤敷设现场案例

精益化平台端测温数据展示及告警功能，在曲线上直观展示每支接头尾管位置（每支中间接头 2 个点位，每支终端 1 个点位），除传统高温告警外，增加各相接头温差告警、同点位异常温升告警及邻近位置温差告警，详细告警判据见表 2-2，相应阈值均可在平台端设置调整。当出现接头故障或发热缺陷时，能通过曲线异常温升迅速精确地判断出故障及缺陷位置，提前发现隐患，有效辅助故障定位。

表 2-2　　高压电力电缆及通道智能感知装置统计表

装置类别	告警类型	告警判据
光纤测温系统	高温报警	40℃以上高温预警，45℃以上高温报警
光纤测温系统	接头温差	三相接头温差超过 2℃
光纤测温系统	异常温升	同一位置连续 5 次或 24h 最大温差超过 2℃

应用边缘计算：按照常规光纤测温数据轮询和上传机制（测温终端——子站端——服务器——精益化平台），平台端数据刷新间隔普遍在 10～15min，无法第

一时间发现短时间内异常温升等报警信息，可选择优化变电站端监控主机配置，增加边缘计算功能，考虑采用“平台端正常轮询+主机端异常推送”的模式，异常告警信息通过主机端判断并自主推送，同时各类异常告警算法由测温主机完成并实时推送，减小平台服务器压力，同时保障最短时间内获得告警信息，光纤测温数据同步流程如图 2-7 所示。

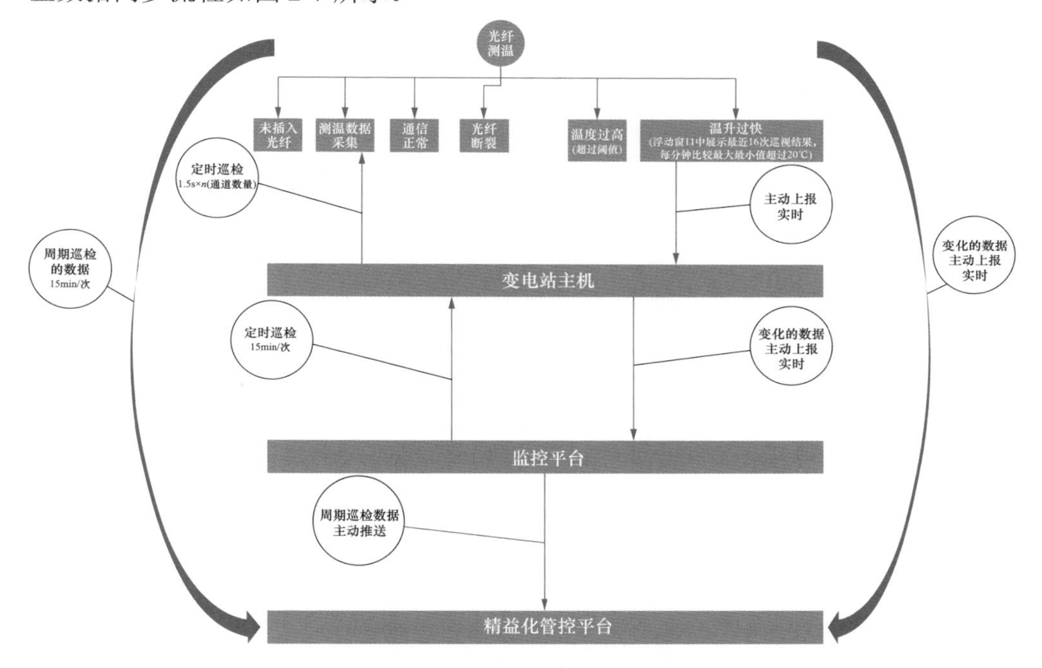

备注：1．状态为光纤过长、光电检测电路异常的数据一般发现就会处理，所以在精益化平台显示的都是常见状态。
2．精益化平台中同一测点相邻时间5次温差超过2℃，在曲线上用紫色显示，且弹窗中用红色显示。
3．精益化平台同一测点24h温差值显示。
4．精益化平台相邻5个测点温差超过0.5℃，在曲线上用黄色标注。

图 2-7　光纤测温数据同步流程

（三）常见问题及处理方法

1．典型案例一

由于光纤在施工现场敷设过程中，敷设不到位导致的光纤扭曲、严重弯折、断纤等问题。发生折弯现象会导致折点之后的温度偏高，断纤现象会导致断点之后无任何温度显示，且主机报断纤故障。

（1）光纤折点处理。当平滑的 OTDR 曲线中，有一点或多点出现明显的不光滑的折点时，即表示该点位置的光纤存在弯折现象，如图 2-8 所示位置。

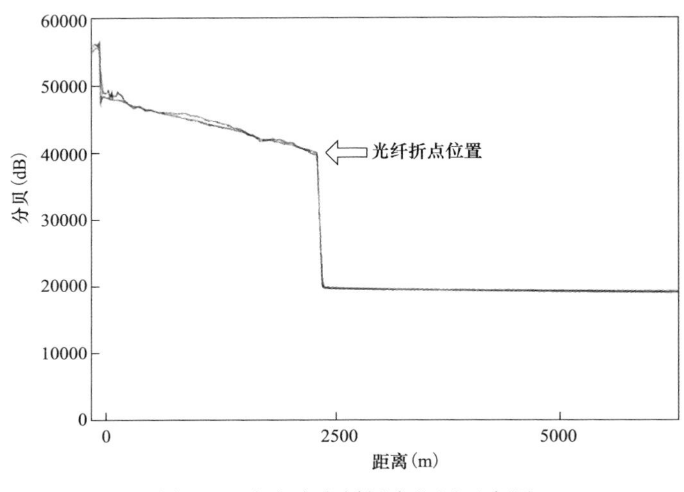

图 2-8　分布式光纤折点位置示意图

确定折点位置后，通知施工方把折点附近的光纤理顺，让其自然舒展，减少光纤损耗。

（2）光纤断点处理。观察测温主机画面中“系统监控”中是否有断纤故障，如有，根据“故障描述”处理问题，出现断纤故障时，上位机上会有断纤报警，并提示断纤位置。如：测温主机第二通道上的感温光纤在 147m 处有断纤故障，如图 2-9 所示，根据该米数所在分区，能很快的找到断点。

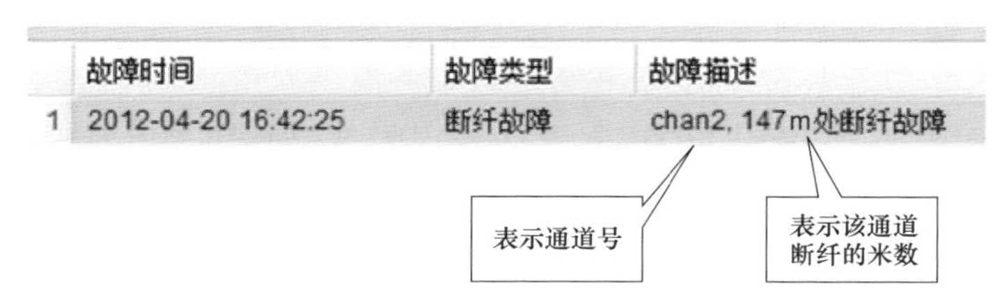

图 2-9　监控系统内故障描述情况

发现断纤故障后通知施工方或业主断纤位置，让其安排人并开好工作票，按上位机提示的断纤位置去寻找断纤点，找到处理断纤故障。

现场对于寻找断纤的方法有如下 4 种：

1）根据上位机报出的断纤米数去寻找（如果光纤始端不是从 0m 开始，则需在上位机报出米数的基础上再加上起始端米标）；

2）根据断点的米数，看是否在分区内，如在分区内，看距离分区光纤的起点或终点大概多远距离；

3）如按照第一点、第二点方法还无法准确定位断纤点，可在上位机提示断纤的米数附近，取出 2～3m 的光纤放置于热水中，根据上位机该通道温度曲线变化的位置来准确定位断纤点；

4）如果找到断纤的位置，但现场环境极为恶劣，无法进行熔接的情况下，可通知施工方在利于熔接的位置再拉一段光纤，来补断纤点这一区域的光纤。

注意：现场断点熔接处，需安置在光纤熔接盒内。

2. 典型案例二

光纤测温数据不上传，表现在数据采集未按规定时间更新，可在精益化系统中进行筛选，如图 2-10 所示。

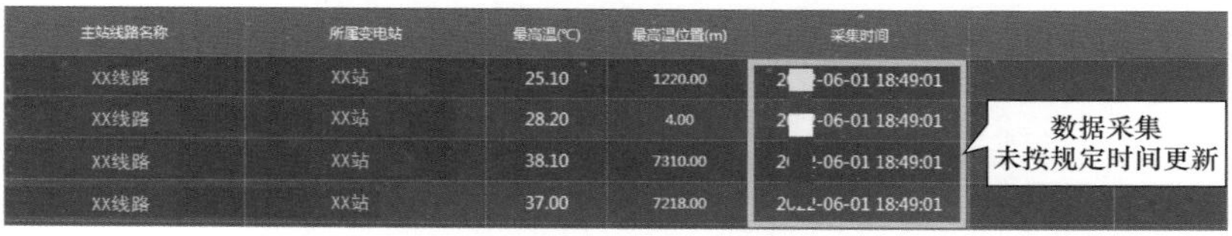

主站线路名称	所属变电站	最高温(℃)	最高温位置(m)	采集时间
XX线路	XX站	25.10	1220.00	2[illegible]-06-01 18:49:01
XX线路	XX站	28.20	4.00	2[illegible]-06-01 18:49:01
XX线路	XX站	38.10	7310.00	2[illegible]-06-01 18:49:01
XX线路	XX站	37.00	7218.00	2[illegible]-06-01 18:49:01

数据采集未按规定时间更新

图 2-10 光纤测温数据不上传

可选择尝试远程登录子站端，若无法登录子站端，说明子站主机宕机，需要派运维人员进入变电站内进行进一步确认。若能远程登录子站端，可尝试重启测温软件，等待约 10min，再次确认数据是否已经更新，若仍未更新，可派运维人员进站确认，并检查主机及主板线路是否连接正常。若连接无误，则可判定是测温主机主板发生故障，可将主板进行更换或返厂维修处理。

系统中曲线与实际不符，需要进行校准。

观察各通道实时温度曲线，看显示的温度与光纤所在环境的实际温度是否有较大偏差。

校准温度的方法有：

1）测量实际环境温度与测温主机监测的温度做对比。

2）利用开水加热，测量开水实际温度与测温主机监测的温度做对比。

如显示温度与实际温度有较大偏差时，有 2 种原因造成：

1）光纤在敷设过程中该处有损伤（如扭曲、挤压）。

2）是人为的设置不准确，导致显示与实际温度不符。

当遇到实时温度曲线与实际温度有出入时，可参考某测温系统处理方法如下：

当实时温度曲线温度和实际光纤所在环境温度有出入时，可在通道配置里面的对系数 1、系数 2、系数 3 做相关修改，如图 2-11 所示。

通道信息编辑

字段	值	字段	值
通道名称*:	第一条光纤	通道号*:	1
零点起始点*:	2400	零点结束点*:	2450
光纤起始点*:		光纤结束点*:	
系数1*:	200	系数2*:	0
系数3*:	0	状态控制*:	使能
采样次数*:	1	总采样点数*:	2500
累加次数*:	1	采样率*:	1
米标偏移*:	0		

保存　关闭

图 2-11　温度曲线通道配置选择框

系数 1：根据现场实际测量温度，控制温度曲线峰值高度。

当实际温度高于峰值显示的温度时，可适当增加系数 1 的值。

当实际温度小于峰值显示的温度时，可适当减少系数 1 的值。

系数 2：控制温度曲线整体水平的升降，值增大 1，整体温度曲线下调 1℃，值减小 1，整体温度曲线上调 1℃。

系数 3：控制曲线斜率。值增大，尾上翘。值减小，尾下降。

注：当调节完系数 2 后，需重启 DTS 主机，待主机运行稳定，利用热水去测试光纤，看实际水温和显示温度是否一致，如有偏差，调节系数 1，将实际温度和显示温度调到尽量一致。其中，电厂类项目：标定后偏差允许范围±3℃（环境温度可以通过温度计获取）；电网载流量类项目：标定后偏差允许范围±2℃（环境温度可以通过温度计获取）。

二、接地环流监测

（一）功能、原理和结构

1. 功能

通过对高压电力电缆接头处加装交流 0～300A 集成式电流互感器及集成式护

层电流采集器，可实时监测高压电力电缆的每个高压电缆金属护层接地点的交流0～300A 范围的实时电流参数，取代传统人工方式的定期接地电流巡视。当电缆发生击穿、短路等情况时，护层电流瞬间增大超过 500A 时，集成式护层电流采集器可以将超限信号锁定，并上报到电缆状态监控主站系统且发出紧急报警声响信息；电缆状态监控主站系统同时对高压电力电缆线路短路故障电流暂态录波实时展示并存储。高压电力电缆线路正常运行的情况下，当接地电流值产生突变减小或为零时，结合电调情况，有效判断接地箱被盗或接地线被盗割。

2. 原理

通过测量高压电力电缆金属护层接地点电流参数，做到有效监测接地电流泄漏状况，再通过安装于各变电站的接地电流采集主站，可做到对电缆接地电流的实时监控。电缆护层接地线上的电流主要由感应电流、电容电流、泄漏电流三部分组成。感应电流由金属层的感应电动势作用在金属层的自阻抗、接地点间的导通电阻、接地线的电阻等阻抗上形成，感应电流的大小与感应电动势成正比，与回路中的总阻抗成反比，当电缆护层仅单点接地时，感应电流为零。电容电流由工作电压作用在导体与金属护层间的电容上而产生，与电缆长度、电缆截面尺寸、工作电压等因素有关。泄漏电流为工作电压作用在电缆主绝缘层的绝缘电阻上产生，绝缘正常时泄漏电流幅值极小，通常可以忽略不计。

3. 结构

从结构层次的角度，接地电流监控系统可分为四层，接地电流监控系统工程系统原理图如图 2-12 所示。

第一层是由各种应用服务器、数据库服务器、打印终端、存储设备、显示大屏、前端控制机等软硬件设备组建的一级监控中心综合数据智能监测管理平台，部署在集中监控中心内（简称电缆状态监控主站系统）。

第二层是由多状态监控主机等软硬件设备为优化系统结构层次、提高信息传输效率、便于系统组网而在电缆通道就近的变电站内设置的通信汇集型电缆状态监控子站，通信汇集型多状态监控子站主要包含护层电流监测主机、双重双热备份专用电源、网络交换机、网络路由器、音频配线架单元及标准电力机柜等主控网络传输汇集设备，部署在电缆通道就近的变电站内（简称通信汇集型电缆状态监控子站）。

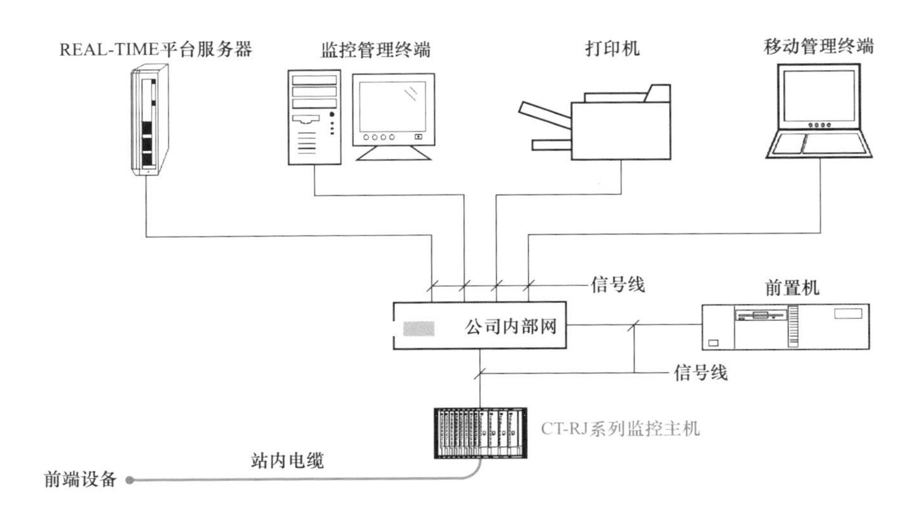

图 2-12　接地电流监控系统工程系统原理图

第三层是实现控制功能的通信采集装置（即各种数据采集器和远程控制单元），主要涉及集成式护层电流采集器，内置部署在电缆通道接地箱处。

第四层是终端监测装置（即各种传感器和远程控制动作机构），属于系统的最底层。主要涉及集成式电流互感器，部署安装在电缆通道接地箱处。

其中第三层通信采集装置及第四层终端监测装置简称为远端现场监测单元，现场安装位置示意图如图 2-13 所示。

图 2-13　远端现场监测单元现场安装位置示意图

（二）参数及系统状态图

工作电压：DC 30～48V。

工作电流：1～2mA。

工作温度：–30～70℃。

安装距离：距多状态监控主机 10km 以内。

接地电流采集器可以同时采集 4 相接地电流值，数据实时更新，同时具有超限告警功能。

接地电流同步方式及终端通信正常情况示意图如图 2-14 和图 2-15 所示。

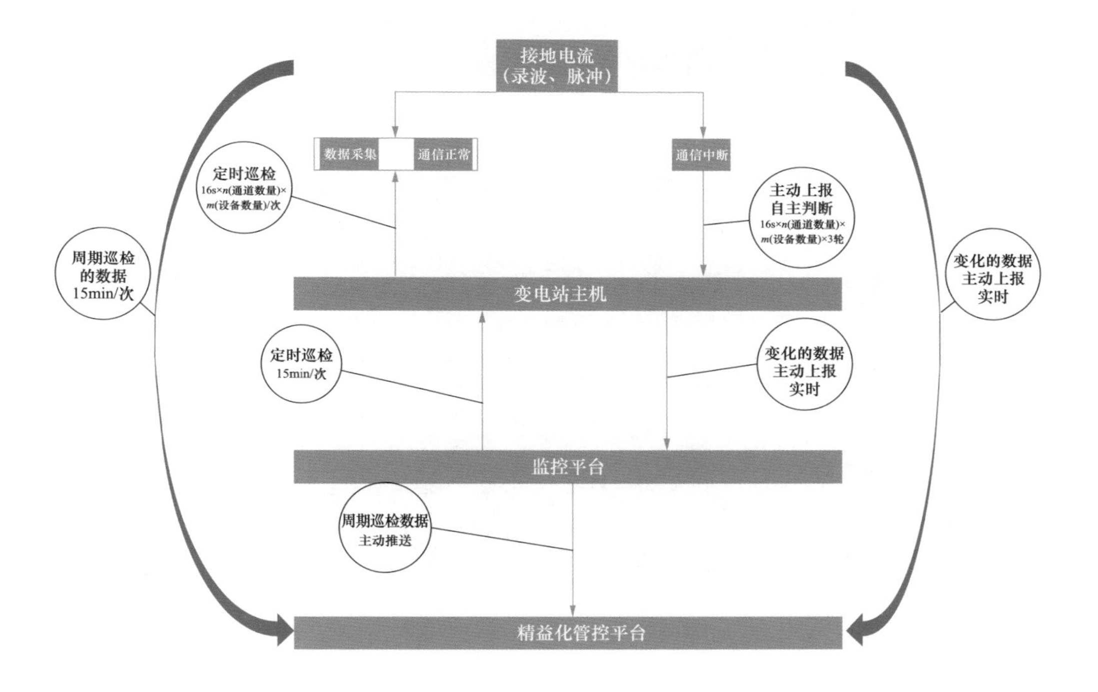

图 2-14　接地电流同步方式示意图

当某一相接地电流值超过设定的告警值时，即有告警警报，如图 2-16 所示。

根据长期使用经验，提质增效，对接地电流智能感知装置进行“瘦身健体”，针对接地电流开展了两种改进方式。

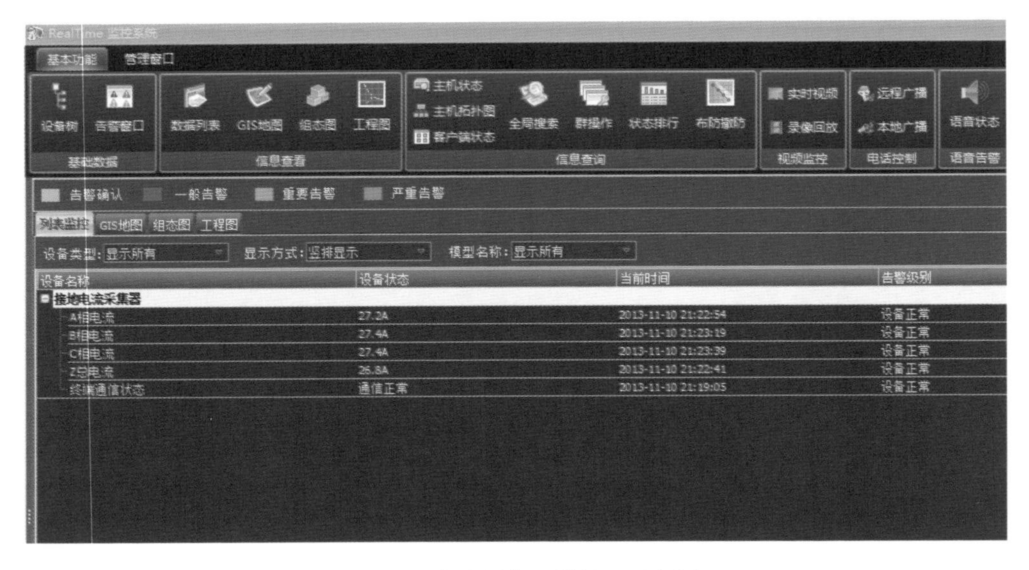

图 2-15　终端通信正常情况示意图

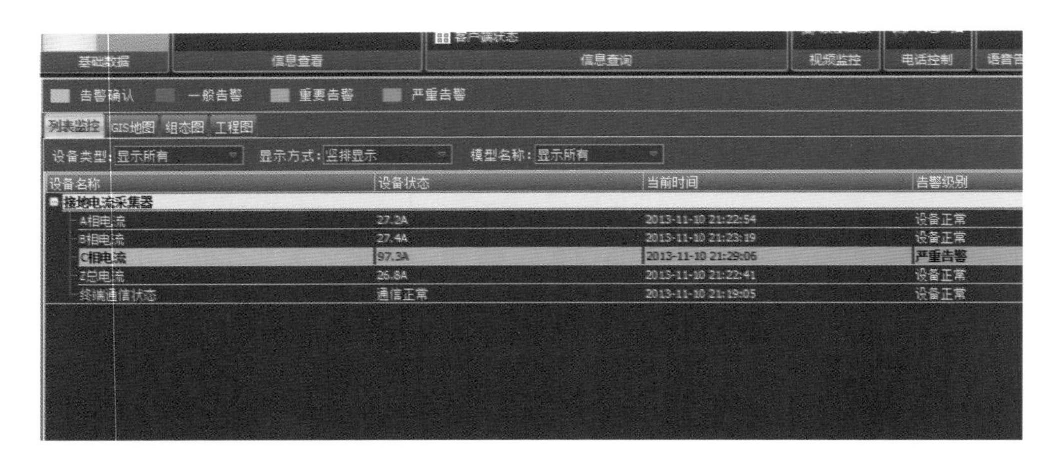

图 2-16　告警警报状态示意图

1. 创新安装方式

一是由于交叉互联箱总接地电流理论值为 0，监测意义不大，建议直接拆除，改装至直接接地箱处；二是改进电流互感器安装位置。对于接头两侧分别引出接地线再合并成同轴接地缆时，目前电流互感器安装在接地箱进线同轴电缆上，建议采用柔性电流互感器，并将其改装至接头单侧接地线羊角处，如图 2-17 所示，用以监测单根接地线电流。

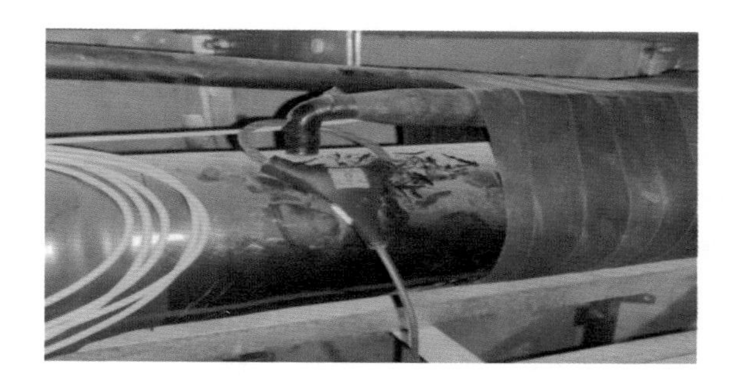

图 2-17　现场示例

2. 优化告警策略

细化平台端告警判据，增加多种告警方式，除常规接地电流幅值高告警外，增加三相不平衡、接地电流负荷比和接地电流突变告警，详细告警判据见表 2-3，相应阈值也可在平台端设置调整，异常告警信息同样通过站端主机判断并主动推送，提高告警时效性。

表 2-3　　　　高压电缆及通道智能感知装置统计表

告警类型	告警判据
超阈值	单相幅值 50A 以上预警；单相幅值 100A 以上告警
三相不平衡	≥3 且≤5 预警；>5 告警
接地电流与负荷比值	≥20%且≤50%预警；>50%告警（增加突变告警）
接地电流突变	1h 内接地电流值增加 50%预警；增加 100%告警

（三）常见问题及处理方法

1. 接地电流数据不上传

表现在数据采集未按规定时间更新，可在精益化系统中进行筛选，如图 2-18 所示。

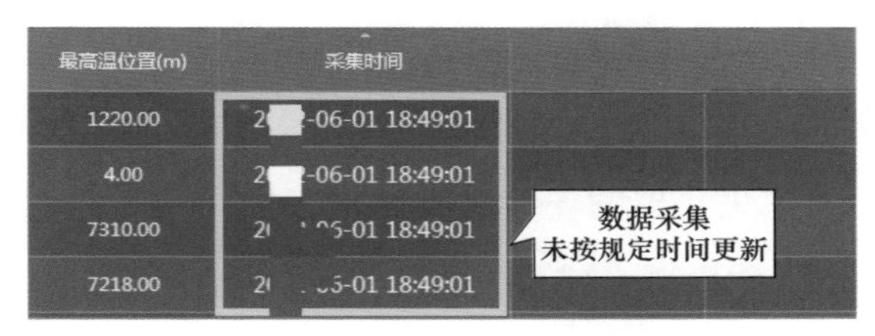

图 2-18　接地电流数据不上传

可选择尝试登录监控服务器，点击相应接地电流模组窗口，点击数据刷新，等待 3～5min 后，再次刷新平台，确认数据是否已经更新，若仍未更新，可派运维人员进站确认，并检查主机及主板线路是否连接正常。若连接无误，则可判定是监控主机主板发生故障，可将主板进行更换或返厂维修处理。

2. 传感器部分

传感器主要用于检测电缆接头的局部放电和接地环流，并通过无线将检测到的信息传输给附近的采集器进行转发，因此在维护传感器时需要注意以下两点：

（1）定期查看。每年 12 月中旬现场查看一次传感器的安装情况，主要观察户外传感器的太阳能板受光是否正常，无线通信的天线是否有丢失，电流互感器卡口是否脱开，传感器的绑扎线是否完好，如图 2-19 所示。

图 2-19　传感器安装情况

（2）传感器电流测量值偏差大。到现场查看传感器，观察传感器的电流互感器是否安装到位，卡扣是否处于锁紧状态。如果这些问题均排除，则需要更换一台新的传感器，将拆下的传感器返厂进行分析和维修。

3. 采集器部分

采集器主要用于接收传感器检测的局部放电和接地环流信息，并通过 4G/LTE 将检测到的信息传输给主站系统，因此在维护采集器时需要注意定期查看。每年 12 月中旬现场查看一次采集器的安装情况，主要观察户外采集器的太阳能板受光是否正常，户内采集器的电流互感器（TA）取电接线是否完好，取电 TA 的抱箍是否锁紧，无线通信的天线是否有丢失，采集器的固定螺钉是否紧固。

4. 主站部分

（1）维护人员需要每周至少登录一次主站，查看主站的运行情况是否正常，有无报警信息等。

（2）查看主站有无离线设备，若有，则按照以上描述的过程进行问题排除。

（3）如果设备被迁改后，需要及时更新主站的数据信息，请按照表 2-4 提交。

表 2-4　　主站的数据信息

<table>
<tr><th>序号</th><th>杆塔名称</th><th>采集器 ID</th><th colspan="2">传感器 ID</th><th>参考位置</th><th>动作</th></tr>
<tr><td rowspan="3">1</td><td rowspan="3"></td><td rowspan="3"></td><td>A 相</td><td></td><td rowspan="3"></td><td rowspan="3">□拆除
□安装</td></tr>
<tr><td>B 相</td><td></td></tr>
<tr><td>C 相</td><td></td></tr>
<tr><td rowspan="3">2</td><td rowspan="3"></td><td rowspan="3"></td><td>A 相</td><td></td><td rowspan="3"></td><td rowspan="3">□拆除
□安装</td></tr>
<tr><td>B 相</td><td></td></tr>
<tr><td>C 相</td><td></td></tr>
<tr><td rowspan="3">3</td><td rowspan="3"></td><td rowspan="3"></td><td>A 相</td><td></td><td rowspan="3"></td><td rowspan="3">□拆除
□安装</td></tr>
<tr><td>B 相</td><td></td></tr>
<tr><td>C 相</td><td></td></tr>
</table>

三、局部放电检测

电缆局部放电智能感知技术是近年逐渐兴起的一项新技术，随着科学技术的不断发展，先进的数字信号处理技术、小波分析以及人工神经网络的成功应用，使得对电力电缆进行全天候实时监测、自动识别局部放电缺陷和提前预警成为现实。在绝缘体中，如果只有局部区域发生放电，并没有贯穿整个导体的现象称之为局部放电。它与绝缘的缺陷和老化密切相关。如果不能及时发现局部放电并采取必要手段，绝缘性能会进一步降低，最终可能因绝缘击穿导致电缆发生故障，引发停电、爆炸等重大安全事故。

（一）功能、原理和结构

1. 功能

采用电缆局部放电智能感知系统对高压电缆进行持续监测，不影响电缆运行，不用停电，实时掌握电缆绝缘状态，对电缆故障进行预先防范，可有效避免电缆绝缘劣化导致的各种事故。

2. 原理

电缆局部放电在线检测的主要方法包括差分法、方向耦合法、电磁耦合法、超高频电容耦合法、超高频电感耦合法、超声波检测法。

（1）差分法。主要检测结构是由XLPE电缆、金属屏蔽、中间接头、绝缘垫圈、金属铂、检测阻抗组成，具有检测简单安全、可进行在线检测的优势，同时存在高频信号传播不稳定，灵敏度不高的缺点。

（2）方向耦合法。应用到的方向耦合器结构是由电缆绝缘连接的电极板、罗戈夫斯基线圈、终端阻抗构成。当局部放电信号，经过电缆传递时，此时电容、线圈上，会对其脉冲信号进行感应；同时系统中，两个方向耦合器的安装，会根据耦合到的放电信号，判断放电脉冲信号的来源。

（3）电磁耦合法。应用由罗氏线圈、前置放大器、频谱分析仪等组成的电缆局部放电智能感知系统。检测的原理：局部放电信号存在时，金属屏蔽层会对其脉冲电流进行感应，当脉冲电流传递到传感器时，会在其二次绕组部位感应出存在的异样信号，从而得到局部放电信息。

（4）超高频电容耦合法。超高频电容耦合器主要由金属屏蔽层、电容耦合器、导线芯、外半导电层、XLPE绝缘组成，当其处于超高频条件时，外半导电层阻抗与绝缘层阻抗具有可比性，而地球浅层地表可作为金属屏蔽层，从而测量出其高频信号。该方法的优点，表现为设计电容耦合器，极限频率为500MHz，常用作电缆、附件局部放电的超高频传感器，比照以往的局部放电测量，自身的灵敏度要更高。但同时也存在超高频信号衰减问题，需要在其电缆接头、端部，借助传感器的安装，实现局部放电测量工作，容易对其电缆表层，造成不同程度的破坏。

（5）超高频电感耦合法。超高频电感耦合法是采取线圈，当作其传感器，对其螺旋状金属屏蔽电缆，实施局部放电检测，也是一种智能感知方式。

（6）超声波检测法。该检测系统，以压电晶体当作传感器；压电晶体具有信号、电荷量转换的性质，通过前置放大器，实现光电的转换；最后在示波器上，显示出其放大后电信号。具有简单安全的优点，以及灵敏度较低的缺点。

3. 结构

常见局部放电智能感知系统如图 2-20 所示。通过安装在电缆接头两端及本体上的高频电流传感器，来耦合电缆接头处的脉冲电流信号，前端处理采集单元接收信号并对信号进行放大及模数转换后，传送至服务器，最后进行数据分析后获得电缆接头处的放电信号。经过以上步骤进行多次采集后，形成谱图分析和数据报表，在面板上显示。

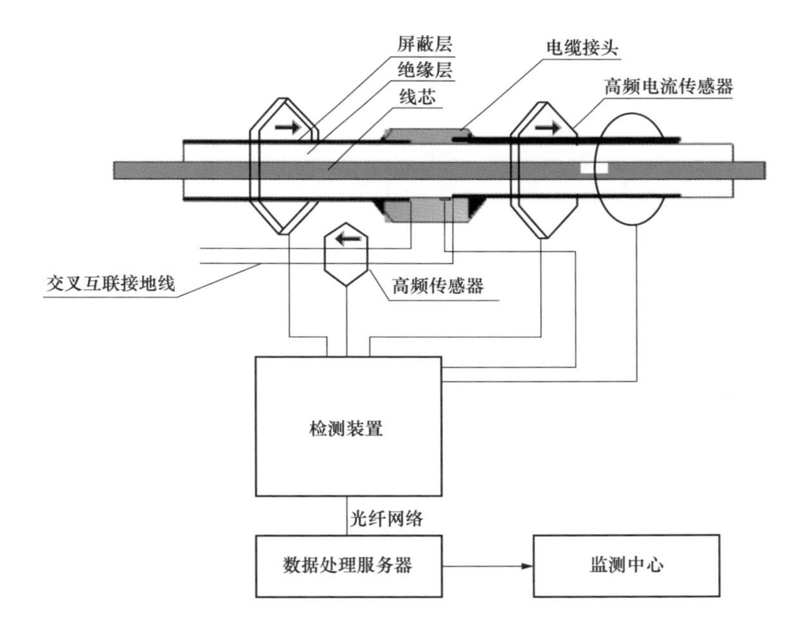

图 2-20　局部放电智能感知系统示意图

（二）参数及曲线图

以某线路在线局部放电监测系统为例，该局部放电装置为高频局部放电监测装置，技术参数见表 2-5。

表 2-5　　某线路在线局部放电监测系统技术参数

技术参数名称	要求值
工作电压	DC 30～48V
工作电流	1～2mA

续表

技术参数名称	要求值
工作温度	−30～70℃
安装距离	距多状态监控主机 10km 以内

系统采用高频局部放电脉冲电流传感器和具备高速大容量数据采集的局部放电数据采集单元，在 100kHz～30MHz 宽频带范围内对终端接地线、中间接头交叉互联线或接地线上的混杂信号进行抗干扰处理和采集。通过在线持续监测，对电缆的绝缘状况进行分析判断，对电缆故障做出提前预警，局部放电数据采集器外观图和高频局部放电脉冲电流传感器如图 2-21 和图 2-22 所示。

图 2-21　局部放电数据采集器外观图

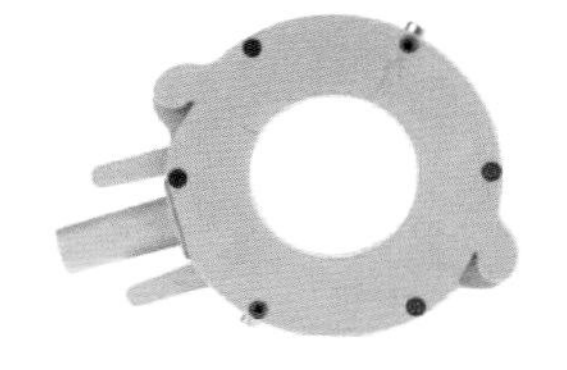

图 2-22　高频局部放电脉冲电流传感器

功能：采集器从强电磁环境中提取局部放电信号，对电缆系统本体及每个附件绝缘状况进行智能感知，形成局部放电图谱，分析判断放电类型。当有局部放电数据产生时，测得到实际图谱如图 2-23 所示。

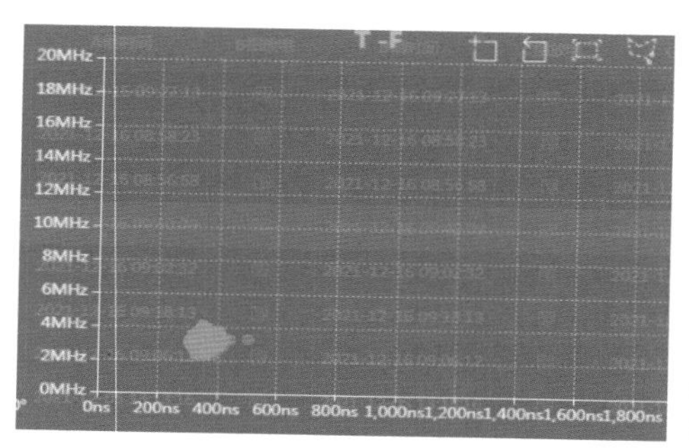

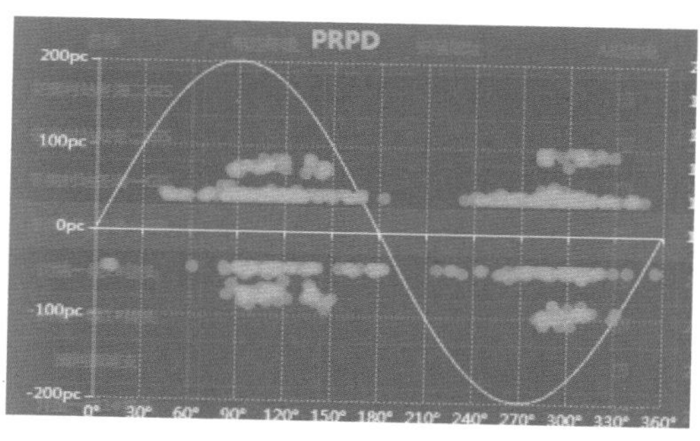

图 2-23　局部放电数据曲线图（一）

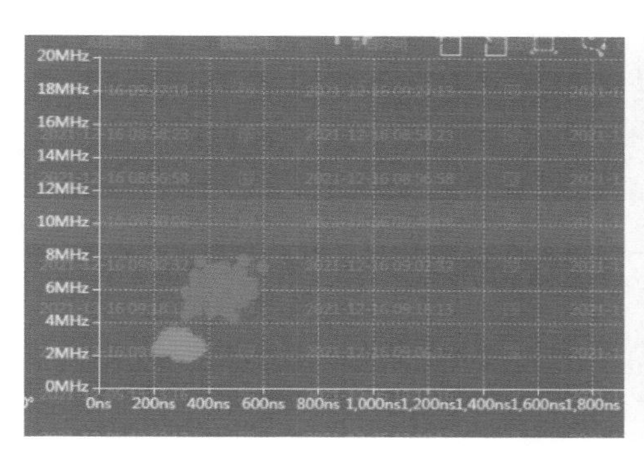

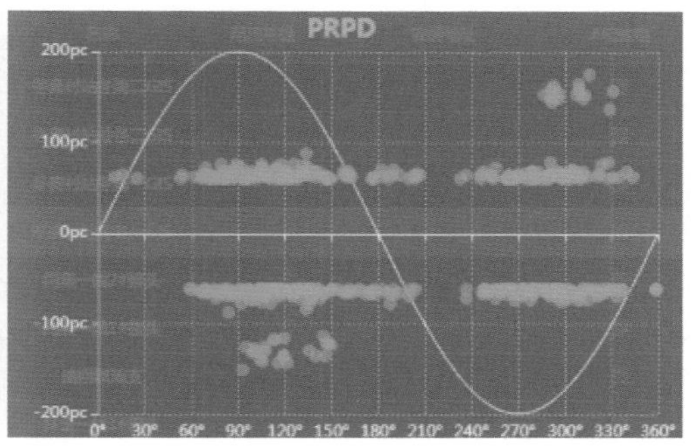

图 2-23　局部放电数据曲线图（二）

（三）常见问题及处理方法

1. 局部放电监测系统采集卡能够连接但是无信号

请检查传感器连接是否正确，信号线是否可靠，采集卡是否损毁。在装载局部放电监测系统采集卡的同时，还要安装自带驱动和程序。可尝试使用程序打开数据采集软件，看是否正常工作。若无法打开，请检查线路是否畅通。

2. 系统工作不稳定，数据不上传

可尝试将系统或子站端主机断电，间隔一定时间重新上电，并启动软件。

3. 数据无法存入数据库

请检查数据库服务是否启动，域名系统（DNS）是否添加，所使用数据库是否正常。

4. 在线局部放电监测系统常见为安装及终端调试问题

终端通信正常的运行情况如图 2-24 所示。

设备名称	设备状态	当前时间	告警级别
局部放电1003-02-00			
A相	设备正常	2013-11-07 15:02:08	设备正常
B相	设备正常	2013-11-07 15:02:08	设备正常
C相	设备正常	2013-11-07 15:02:08	设备正常
探头状态	正常	2013-11-11 15:48:21	设备正常
终端通信状态	通信正常	2013-11-11 15:39:48	设备正常
局部放电分析			设备正常

图 2-24　终端通信正常的情况

局部放电数据采集器接线定义表可参考表 2-6。

表 2-6　　　　局部放电数据采集器接线定义表

局部放电数据采集器		中速主机	无线主机	电流互感器（TA）环线缆（建议颜色）	相位同步互感器
端子	含义				
2XP3	供电通信+	6XP1 的 A 通信+	6XP1 的 A 通信+		
	供电通信–	6XP1 的 B 通信–	6XP1 的 B 通信–		
8XP4	K1			红（蓝）色	
	PE			屏蔽层	
	K2			黑线	
8XP1～8XP3					与射频同轴电缆对接

电路板接口示意图如图 2-25 所示。

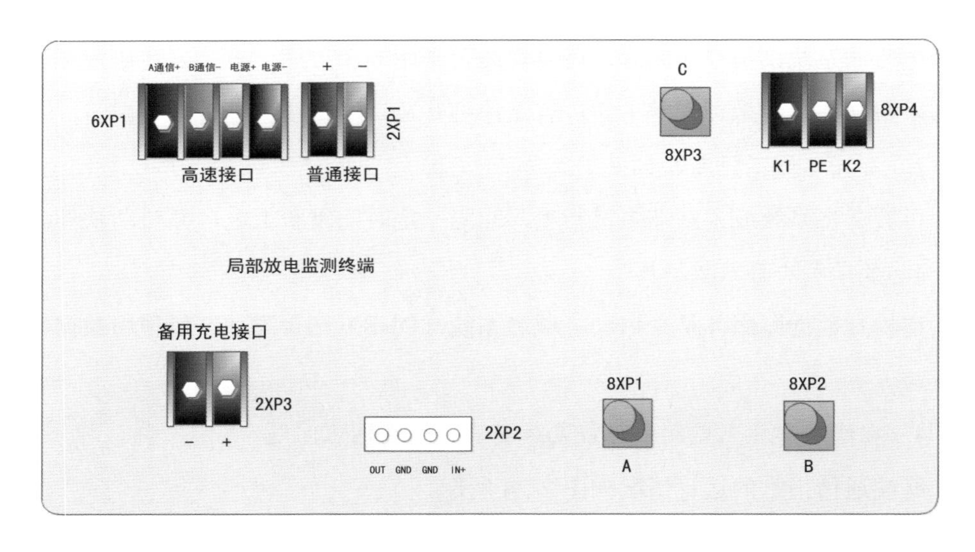

图 2-25　电路板接口示意图

（1）安装时需注意相位采集 TA 环出线端，红色（蓝色）线接采集器 8XP4 靠近标识 C 一侧（K1 标识），黑色线接 8XP4 另一侧（K2 标识），TA 环卡接于运行电缆 A 相上，TA 环外壳箭头的标识方向要求与电缆电流方向一致（从电缆铭牌处可以看出），卡接后用万用表交流电流挡量红黑线之间交流电压，一般电压应在 1～6V 之间，超过 6V 需要在红黑线上并接 2Ω/2W 电阻。

（2）终端调试时，局部放电监测终端参数设定分为两个部分，一部分为终端配置参数，配置界面在虚拟主机界面，系统设置→局部放电终端参数设置→选中相应主机的终端即可显示，设定项有相对阈值、A 相绝对阈值、B 相绝对阈值、C 相绝对阈值和采集周期；另一部分为放电量计算参数，这些参数不需要配置到终端中，只是用于平台计算，参数有试验放电量 T_{pd}、试验放电量采集值 U_{ad0}、AD 转换系数 K 和校正系数 J，需要工程现场校准设置的只有 U_{ad0}，即“基础值”。

（3）终端配置参数：

1）相对阈值，设置范围一般为 100～200，默认 100，一般不需要调整，如果在无放电时，静态采集值不能正常采集到（为 0 时即为未采集到），可以适当提高该项设定值。

2）绝对阈值，参照对应的各相静态采集值进行设定，可以等于或稍大于该相的静态采集值，例如：A 相采集值（采集值为安装完成后监控站上传的数值）为 935，则对应绝对阈值可设置为 1000。

3）采集周期，设定范围 1～20，设定值越小，每次采集耗电越小，一般设定为 5 个周期。

4）放电量计算参数，试验放电量采集值为 U_{ad0}，该参数作为校准试验时的采集值（该值在非校准状态下无意义），局部放电终端与主机安装完毕后使用校正脉冲发生器进行校正，方法如下：首先将校正脉冲发生器的输出线从采集器 A 相 TA 环穿过之后短接在一起（注意：TA 环已经卡接于实际电缆接头），然后将校正电量开关旋钮旋至 500pC 挡位，校正脉冲发生器左侧电压显示值大于 6V（小于 6V 时要及时更换电池），此时通知监控平台进行局部放电信号采集（监控站采集控制栏选择“进行采集”），采集结束后监控站可显示 A 相 U_{ad0} 参考值，将此值对应填入资源管理器此终端的 A 相显示量中，填写后效果如图 2-26 所示。

具体填写方式为：右键点击 A 相显示量，选择“修改”，参数一栏填写“基础值为现场校正的 U_{ad0} 值”，按回车键后填写“转换系数”值为默认的 2.047，再按回车键填写“校正系数”值为默认的 1，最后再按回车键填写“相位偏移”值为默认的 0；如此根据现场校准值将 A、B、C 三相填好即可。

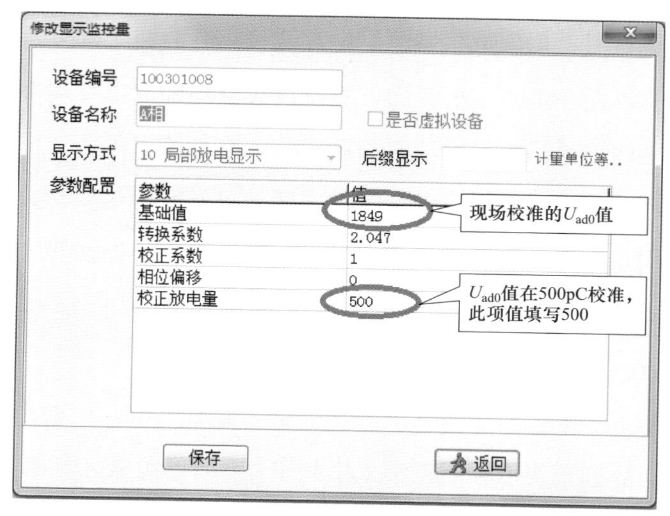

图 2-26 资源管理器终端的 A 相显示量

第二节 通 道 环 境

一、可视化监拍

（一）功能、原理和结构

1. 功能

通道可视化监测系统，通过摄像机采集视频信号接入数字硬盘录像机，将输出的信号连接到网络视频服务器，使监控中心对前端摄像头进行控制，实现对隧道、终端站塔等位置不间断远程视频管理能力。目前主要有如下 5 项功能：

（1）监控端运行人员通过专业监视器对目标区域内的电缆或现场进行全面监视，同时在控制主机上完成对前端设备的控制，并对所有视频信号进行长时间硬盘录像。

（2）任何一个摄像点的视频信号经软件编程完成对各种视频信号的处理。并通过控制键盘实现对前端设备（如：变焦、聚焦、光圈自动）的控制；其中球机主要应用在高压电缆中间接头区域，可 360°全视角观测；枪机主要应用在隧道井口下方、拐弯处，可较远距离观测通道环境情况。

（3）具有计算机标准通信接口 RS485，只要提供协议和规约就能通过编程与消防报警控制系统通信，在监视器上有时间、日期和中文文字显示。

（4）接收视频移动告警信号，并根据软件的设置将图像自动切换至发生告警的画面。

（5）具有报警检测、联动功能。

2. 原理

通道可视化监测系统，通过电力隧道视频监控系统，采用网络数字监控模式，通过摄像机采集视频信号接入数字硬盘录像机，将输出的信号连接到网络视频服务器，并对其进行信号编码、压缩。网络视频服务器采用先进压缩方式对视频文件进行处理，在确保视频图像清晰的同时，还具有视频文件数据少，实时性好等优势；通过数据通信网络将数字视频信号和报警信号传输到监控中心。同时监控中心对前端摄像头进行控制，实现远程视频管理功能。

3. 结构

电力隧道视频监控系统分为三层结构：电力隧道摄像装置层、变电站数据管理层和监控中心集中监控层。电力隧道摄像装置层（前端设备）包括双光红外摄像机、双鉴探测器、光端机和支架等。变电站数据管理层包括视频光端接收机、硬盘录像机以及网络交换机等设备。监控中心集中控制层是整个监控系统的系统管理、设备管理和功能应用等的核心层面，包括视频流媒体服务器、数据库服务器、管理服务器和磁盘阵列。摄像头安装位置示意图和双光红外摄像机如图 2-27 和图 2-28 所示。

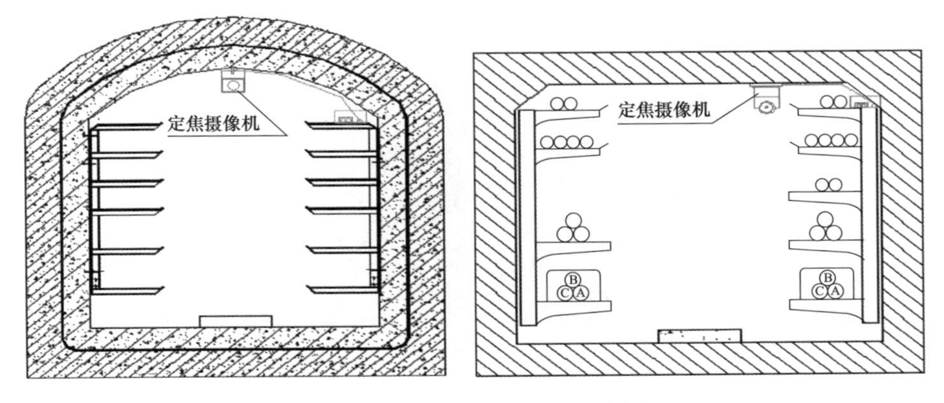

图 2-27　摄像头安装位置示意图

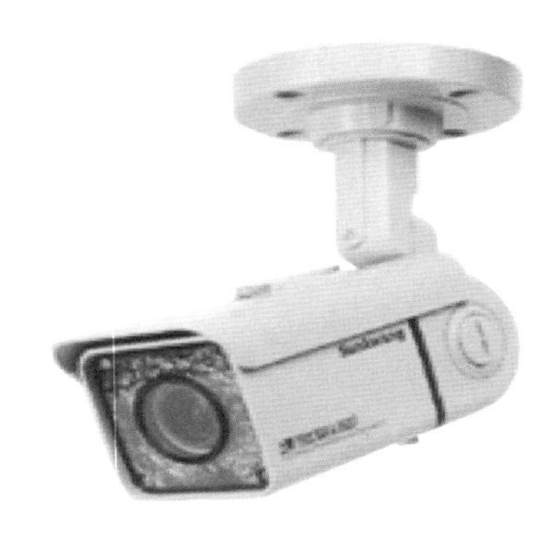

图 2-28　双光红外摄像机

（二）参数及安装方式

（1）监测参数。可参照各地通道可视化检测系统要求进行选择。以下指标仅供参考：

1）传感器类型；

2）像素；

3）镜头；

4）分辨率；

5）视频编码格式、编码类型及视频码率；

6）图片/视频帧率；

7）通信模式、网络传输及供电系统等。

（2）摄像头应牢固安装在隧道顶部或终端站塔上，若隧道或终端站塔上不具备夜间照明功能，一般要求摄像头具备夜视或红外摄像功能。

（3）常见通道可视化检测系统监测图（有光照与无光照情况），如图 2-29 所示。

（a）可见光模式

（b）红外夜视模式

图 2-29　摄像监控系统监控画面

（三）常见问题及处理方法

常见的问题主要有以下 6 条。

1. 摄像机问题

（1）无图像：检查电源是否正常（用万用表检测电压是否为工作电压）、摄像机是否正常（用工程宝检测）。

（2）无控制：控制线是否接对或控制线断（若接线正常，用工程宝检测）。

（3）红外灯不亮：用工程宝检查摄像机菜单是否正常，如正常，说明红外灯损坏。

2. 光端机问题

（1）无视频：用万用表检测光端机电源是否正常，检测光纤是否正常［可用光时域反射仪（optical time domain reflectometer，OTDR）检测通断］。如传输和电源一切正常，则考虑光端机本身硬件问题，建议及时返修或更换。

（2）无控制：检查光端机的控制线是否正常连接，如正常可通过替换法排除由设备本身引起的问题。若以上方法均不能排除问题，则需要用 OTDR 对光纤进行检测，如发现无法通过检测，说明光纤本身可能受到外力影响出现问题，则需针对问题点进行修复。

3. 主电源问题

单组摄像机无视频信号：大面积出现整组视频无信号的现象，需要对供电电源进行检查，如发现跳闸，需要及时查清跳闸原因，并及时恢复供电。在恢复时由于所有电源及设备均为开关电源，合闸要多试几次，因为用电设备电容较大，导致充电瞬间电流过大，容易造成跳闸。若出现跳闸：可能是由于隧道内过于潮湿、人为因素或线路短路造成。

4. 光纤问题

（1）光纤断裂：现象为无视频信号，需要用 OTDR 查出断点然后对断点进行修复。

（2）光纤挤压抻拉：现象为无控制信号，需要用 OTDR 查出挤压点然后对其进行修复。

（3）光纤接头脏：现象为视频时好时坏或无视频，用酒精棉对接头进行擦拭后可解决问题。

5．嵌入式主机问题

（1）连接速度慢：由于嵌入式一直处于上传状态，长时间的传输可能造成网络堆栈。可通过对主机进行重启操作，即可解决问题。

（2）DVR 繁忙或注册失败：检查中心服务器是否正常，通过 PING 的方法检测中心与站端 DVR 的网络通道是否正常，如网络不通则需要检查网线连接是否正常，如设备与连线均正常则需要考虑调通网络是否故障。

6．平台服务器问题

所有视频都无法连接：检查服务器运行是否正常，各服务程序是否开启，并检查链接服务程序是否启动。

二、水位监测

（一）功能、原理和结构

1．功能

隧道内受地下水位、河流及汛期等外部环境影响和内部排水设备等内部影响，极易发生积水。因此，通过安装在电缆通道内的远程状态监测控制单元（水位联动）和投入式水位探测仪可以实现对电缆通道内水位参量的 7×24h 连续不间断远程监测。在变电站出站口及地势低洼处布置水位智能感知系统，可有效避免变电站倒灌事件发生。

2．原理

作为水位智能感知系统主要部件，液位传感器专门用来测定液面位置，由于液体的静压力与该液体的高度成正比，因此采用电容压力传感器，即可将静压力转换为电信号，再经过补偿和修正，转化成标准电信号，适用于常见介质液位测量。

3．结构

如图 2-30 和图 2-31 所示，下部水位传感器可测量液位，上部经过传感器信号线将信号传至环境采集器，采集器另一端接入电源进行供电。

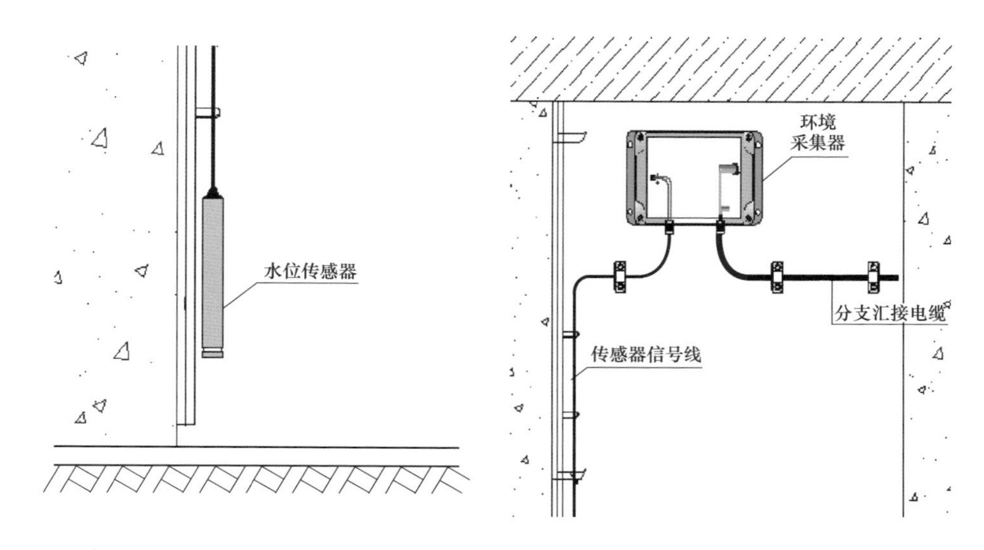

图 2-30　电力隧道环境监控及设备自动化控制系统建设结构

图 2-31　水位监测装置实物图

（二）参数及曲线图

投入式水位探测仪报警阈值见表 2-7。

表 2-7　投入式水位探测仪报警阈值

序号	判断标准	备注
1	0≤水位数据≤0.2m	正常
2	0.2m＜水位数据≤0.3m	注意

续表

序号	判断标准	备注
3	0.3m＜水位数据≤0.4m	异常
4	水位数据＞0.4m	严重

水位监测系统数据同步及监测原理图和实际监测状态图如图2-32和图2-33所示。

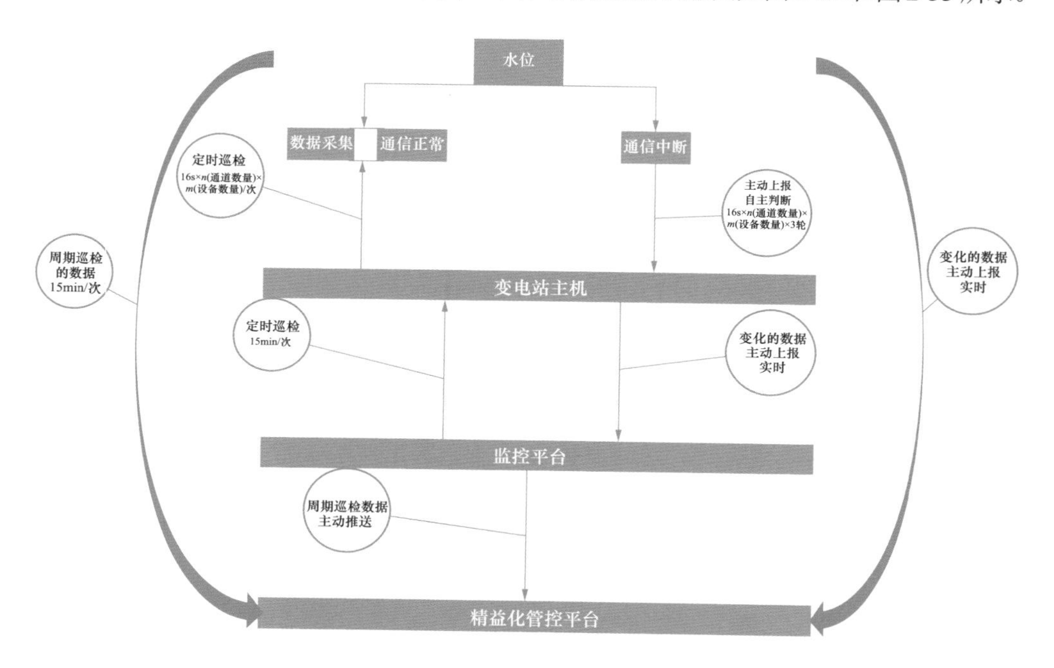

图2-32　水位监测系统数据同步及监测原理图

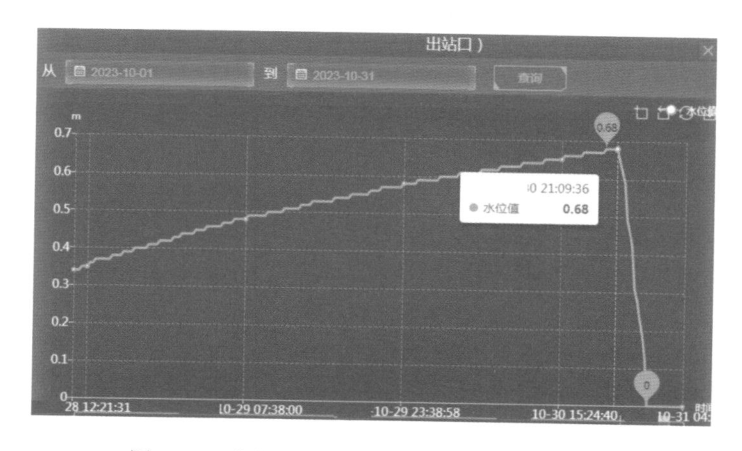

图2-33　水位监测系统数据同步及监测实测图

（三）常见问题及处理方法

1. 水位数值不符合实际

表现在系统显示水位值与现场实际测量值出现较大偏差。可判定水位探头损坏，应及时更换水位探头，与现场实际数据相符后，可再次投入使用。

2. 水位数据不上传

表现在水位数据未按规定时间更新，可在精益化系统中进行筛选，数据未按时上传，常见于站内监控主机软件问题导致，因此可首先派运维人员进站对监控主机进行调试，若调试后井盖仍未更新数据，可根据定位前往现场进行核实。

3. 监控平台

监控平台是整个监控系统的上层核心部分，能够实时处理来自各监控主机上报的数据、状态等监控信息，承担数据分析、运算、存储等数据处理功能；并能根据需求及时下发控制指令给各监控主机，且能实现跨平台的数据交互和兼容匹配，满足模块化、可扩展性、多接口等要求。

（1）检查监控平台告警、数据刷新等功能是否正常。如发现不正常，做好记录并及时处理。

（2）检查监控平台显示数据是否正常。

（3）集群服务器自动切换试验，检查其功能是否正常。

4. 每季度检查水位终端采集设备问题

隧道水位水泵维护检测方法：在隧道水位设备安装位置将水位浮球提起，使浮球底部向上保持 30s 以上，记录测试时间，与平台数据进行校验，平台显示有水告警，浮球复位后显示无水；水泵在外部供电正常情况下，水泵开启 30s，记录开启时间，与平台数据进行校验，平台显示水泵运行，水泵关闭后显示停止。

5. 检查终端设备的通信状态

每年检查和试验环境监测系统的下列功能：

（1）利用环境监控采集器和水位探测器及远程控制单元实现对隧道内水位、水泵的远程监控，远程监控信号上传到监控中心。

（2）具备环境参量超标自动告警及自动排障功能，在监控指挥中心对电力隧道内的环境参量超过预设值时发出视听告警，在监控指挥中心平台的图形展示界面上示警，以及通过短信等方式自动通知相关人员，并自动将排障资料打印/存档。

（3）数据链路检测功能，系统定期对监控主机及线路中的设备进行巡检，自动诊断链路故障。

三、气体监测

（一）功能、原理和结构

1. 功能

通过安装在电缆通道内的隧道环境监测通用采集器和气体传感器可以实现对电缆通道内有害气体浓度、空气含氧量等环境参量的7×24h连续不间断远程监测，有害气体至少包括一氧化碳、硫化氢及甲烷三种。

2. 原理

隧道内等有限空间气体环境一般位于地下，空气流通性差，有害气体容易聚集，气体在线装置的应用，可以实时监测隧道或管井内部有害气体浓度，提前发现有害、可燃气体聚集位置，确保人员及财产安全。

3. 结构

从结构层次的角度可分为四层，如图2-34所示。

第一层是由各种应用服务器、数据库服务器、打印终端、存储设备、显示大屏、前端控制机等软硬件设备组建的一级监控中心综合数据智能监测管理平台，部署在集中监控中心内（简称井盖状态监控主站系统），环境监控主站系统早期已经建成，此次改造项目所有环境监控终端应能接入原有系统。

第二层是由多状态监控主机等软硬件设备为优化系统结构层次、提高信息传输效率、便于系统组网而在电缆通道就近的变电站内设置的通信汇集型电缆状态监控子站，通信汇集型多状态监控子站主要包含环境监测主机、双热备份专用电源、网络交换机、网络路由器、音频配线架单元及标准电力机柜等主控网络传输汇集设备，部署在电缆通道就近的变电站内（简称通信汇集型电缆状态监控子站）。

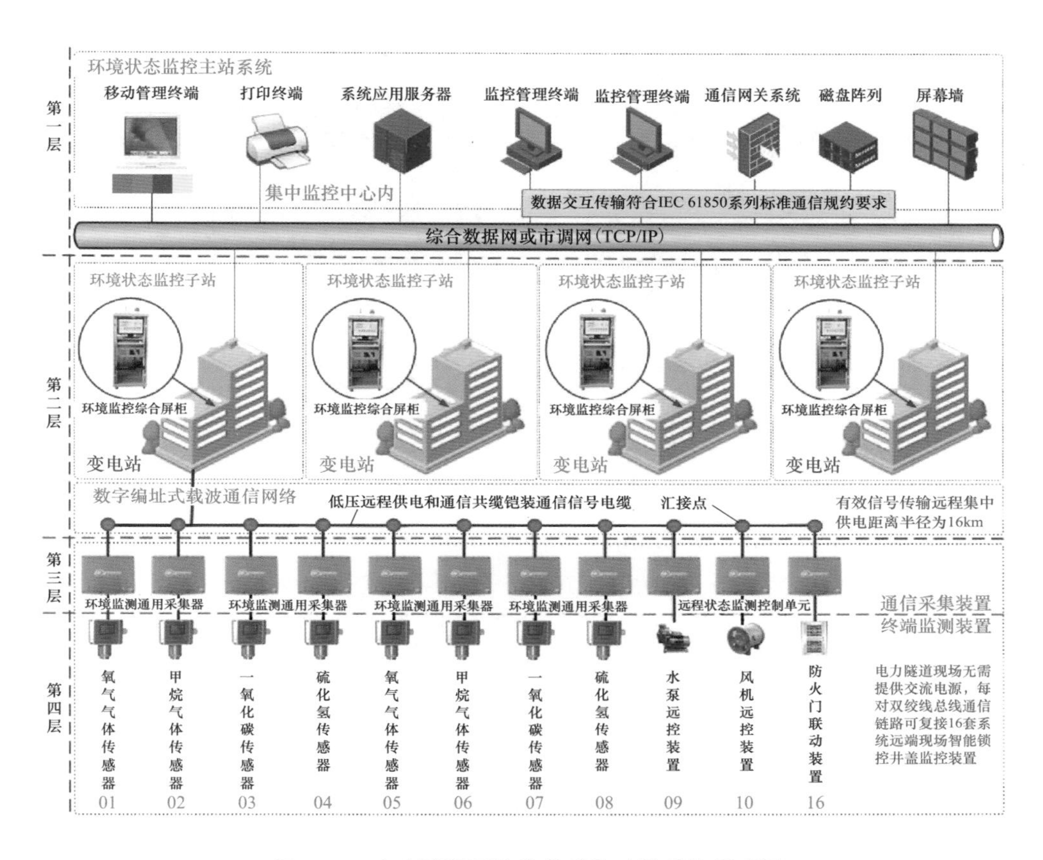

图 2-34　电力隧道环境监控系统建设系统原理图

第三层是实现控制功能的通信采集装置（即各种数据采集器和远程控制单元），主要涉及隧道环境监测通用采集器、远程状态监测控制单元，均部署在电缆隧道内。

第四层是终端监测装置（即各种传感器和远程控制动作机构），属于系统的最底层。主要涉及有害气体传感器、氧气传感器、可燃气体传感器等监控装置均部署在电缆隧道内。隧道环境监测通用采集器、隧道环境有害气体采集终端和有害气体采集探测器如图 2-35～图 2-37 所示。

图 2-35　隧道环境监测通用采集器

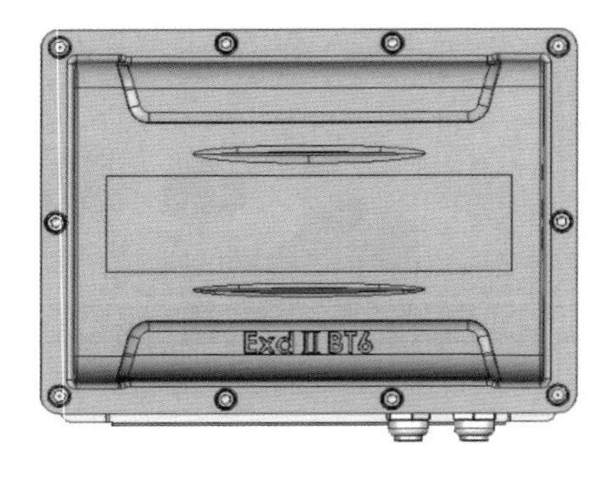

图 2-36　隧道环境有害气体采集终端

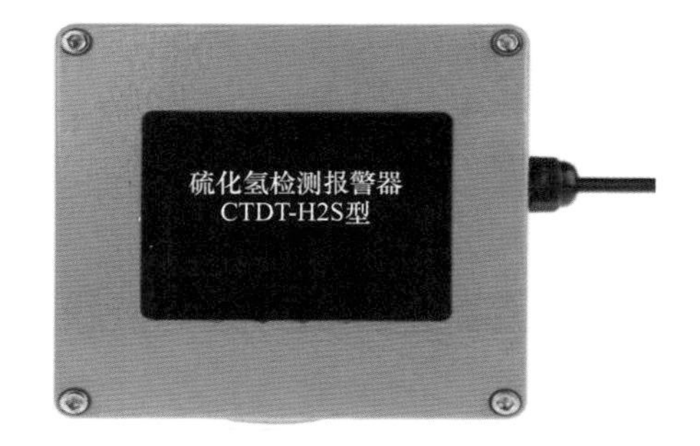

图 2-37　有害气体采集探测器

（二）参数及显示界面图

主要技术指标如下：

（1）工作电压：DC 30～48V。

（2）工作电流：3～5mA。

（3）安装距离：距多状态监控主机 10km 以内。

（4）传感器原理：电化学型。

（5）适用气体：一氧化碳、硫化氢、氧气。

（6）测量范围：一氧化碳为 0～300μL/L、硫化氢为 0～300μL/L、氧气为 0～25vol。

（7）报警设定值：一氧化碳为 50μL/L、硫化氢为 10μL/L、氧气为 18vol。

根据环境监控及设备自动化控制系统工程的整体架构，通信传输采用 TCP/IP 有线网络+数字编址式载波通信网络+现场总线网络相结合一体网络通信系统，以达到远程集中监测、集中显示报警、集中联动控制和集中管理的目标。

气体数据同步及终端通信流程图和气体数据同步及终端通信正常情况显示界面分别如图 2-38 和图 2-39 所示。

当采集的气体浓度超过设定的告警值时，即有告警警报，如图 2-40 所示。

（三）常见问题及处理方法

1. 气体探头故障

表现在探头气体测量值与现场实际测量值出现较大偏差，如图 2-41 所示，氧气含量数值偏差较大，判断为氧气探头发生故障，应及时更换氧气探头，与现场实际数据相符后，可再次投入使用。

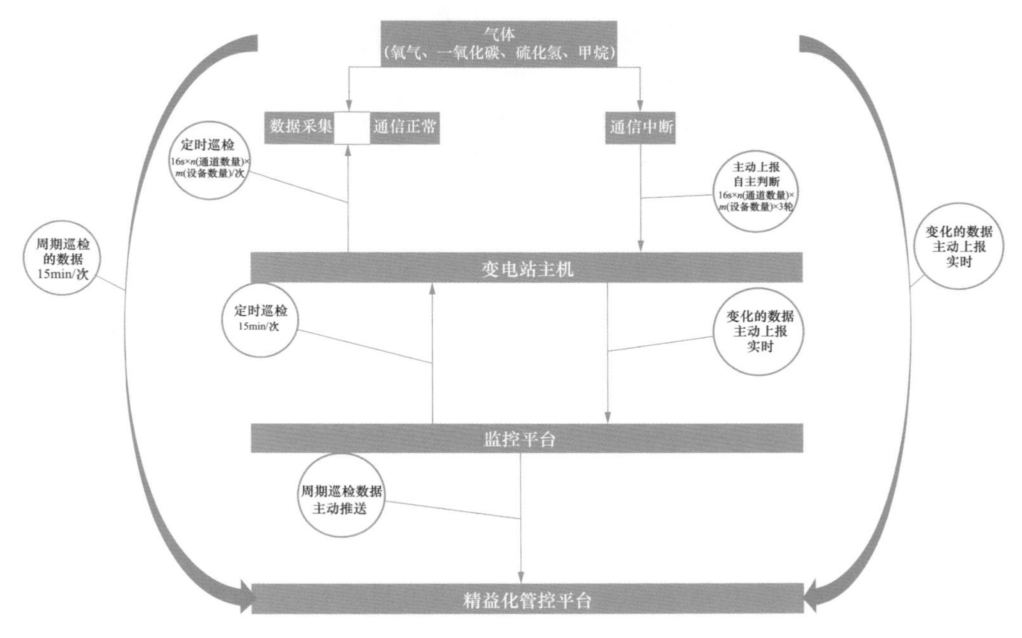

图 2-38　气体数据同步及终端通信流程图

告警确认　一般告警　重要告警　严重告警

列表监控　GIS地图　组态图　工程图

设备类型：显示所有　显示方式：竖排显示　模型名称：显示所有

设备名称	设备状态	当前时间	告警级别
通用有害气体采集器			
有害气体	12.00ppm	2013-11-11 11:31:14	设备正常
终端通信状态	通信正常	2013-11-11 11:07:44	设备正常
探测器状态	正常	2013-11-11 11:08:21	设备正常
信息状态	设备正常	2013-11-11 11:08:31	设备正常
单总线状态	正常	2013-11-11 11:08:46	设备正常
探测器工作电压	3.3V	2013-11-11 11:10:21	设备正常

图 2-39　气体数据同步及终端通信正常情况显示界面

告警确认　一般告警　重要告警　严重告警

列表监控　GIS地图　组态图　工程图

设备类型：显示所有　显示方式：竖排显示　模型名称：显示所有

设备名称	设备状态	当前时间	告警级别
通用有害气体采集器			
有害气体	55.00ppm	2013-11-11 11:31:56	严重告警
终端通信状态	通信正常	2013-11-11 11:07:44	设备正常
探测器状态	正常	2013-11-11 11:08:21	设备正常
信息状态	设备正常	2013-11-11 11:08:31	设备正常
单总线状态	正常	2013-11-11 11:08:46	设备正常
探测器工作电压	3.3V	2013-11-11 11:10:21	设备正常

图 2-40　告警警报情况显示界面

	氧气含量	一氧化碳含量	硫化氢含量	甲烷含量
	20.70	0.10	0.10	0.00
与现场实际不符	4.00	0.00	0.40	0.10
	20.60	0.40	0.20	0.00

图 2-41　气体探头故障

2. 气体数据不上传

表现在监控井盖状态采集未按规定时间更新，可在精益化系统中进行筛选。数据未按时上传，常见于站内监控主机软件问题，因此可首登录服务器系统，尝试刷新数据，若数据仍未更新，则需派运维人员进站对监控主机进行调试，若调试后井盖仍未更新数据，可根据定位前往现场进行核实。

3. 电路板接口装置

电路板接口示意图如图 2-42 所示。

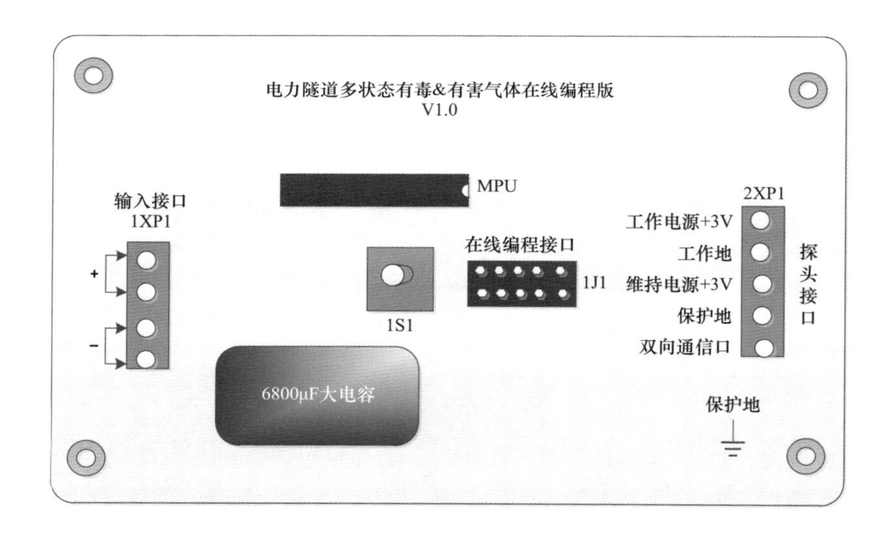

图 2-42　电路板接口示意图

调试状态下，隧道环境监测通用采集器（有害气体）接线定义表见表 2-8。

表 2-8　　隧道环境监测通用采集器（有害气体）接线

隧道环境监测通用采集器（有害气体）		主机	气体探头（建议线缆）
端子	含义		
1XP1	供电通信+	供电通信+	
	供电通信−	供电通信−	
2XP1	工作电源+3V		3V（棕红色）
	工作地		GND（黑）
	维持电源+3V		AV+（蓝）
	保护地		保护地（黄）
	双向通信口		OUT（白）

4. 探测器安装位置

（1）甲烷红外探测器安装高度：甲烷密度比空气小，探测器安装高度宜高出释放源 0.5～2m。

（2）汽油红外探测器安装高度：油气密度比空气大，如果探测器安装所在地在泄洪区，距离地面 0.5m，如果探测器安装在雨量小的地区，应距离地面 0.4m。

四、井盖监控

（一）功能、原理和结构

1. 功能

通过对电缆隧道井上安装的井盖监控装置的数据采集，集中监控电力隧道井盖状态，实现电力隧道井盖远程开启、非法开启时及时报警并准确定位，可以对进出隧道情况做全时记录，并有效防止未经许可人员进入隧道。

2. 原理

采用远程实时监控方式，对非法进出、破坏和盗窃及外井盖开闭状态和丢失等行为进行有效监控，从入口处切断犯罪分子非法进入隧道及管井的偷盗和破坏使用设施等行为，切实维护隧道内部安全，保证输送系统的正常运行。

3. 结构

装于井盖的背面，内部装配控制器，外壳由不锈钢钢板冲压焊接而成，内部机构均采用不锈钢材料，设备安装于电力、煤气、天然气等隧道管道沟道的人井出入口。

（二）参数及状态示意图

井盖正面及内部如图 2-43 所示。

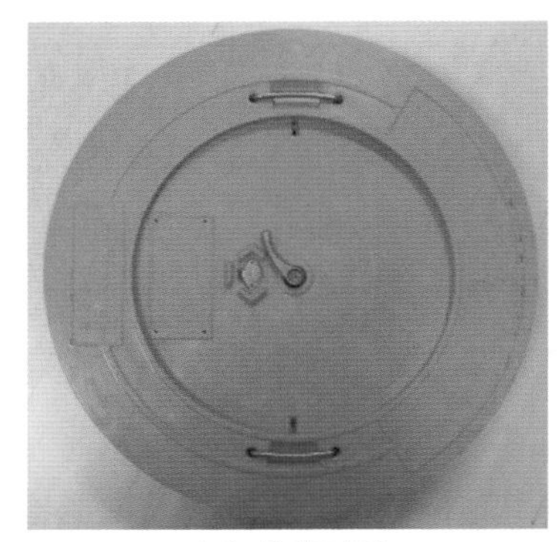

（a）井盖正面

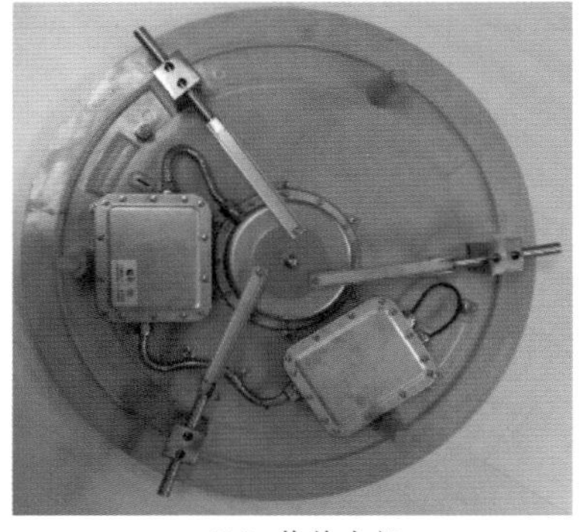

（b）井盖内部

图 2-43　井盖正面及内部示意图

主要技术指标：

（1）工作电压：25～48V 直流供电。

（2）工作电流：0.5～2mA。

（3）正常温度：–20～+70℃。

（4）防护等级：IP68。

功能描述：

（1）井盖状态监测：电力隧道井盖状态开启或者关闭，可以通过电缆运检监控平台进行实时监测。

（2）井盖开启控制：通过监控平台、密码开锁器、语音电话对井盖进行多种开启控制。

（3）井盖状态报警：井盖非法开启、远程开启、密码开启等多种状态实时上报及告警。

常见井盖通信状态可经过以下方式查询：

（1）登录平台监控管理站，显示井盖状态，井盖数据同步及井盖状态流程示意图如图 2-44 所示。

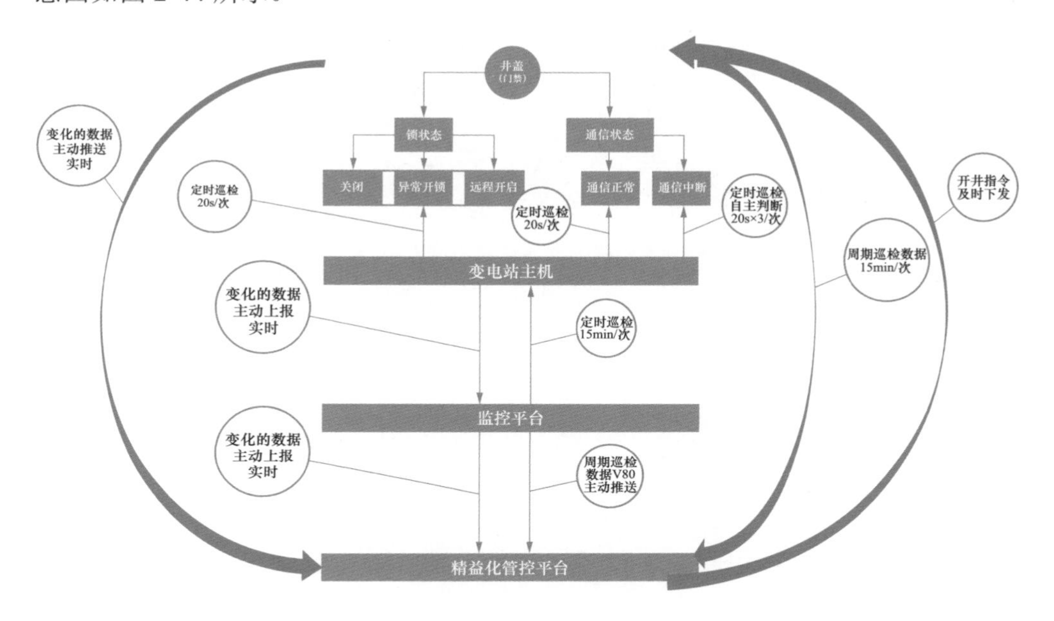

图 2-44　井盖数据同步及井盖状态流程示意图

（2）非法开锁：当所控井盖非正常开启时（包括使用钥匙现场开启），平台上报非法开锁，井盖非法开锁状态如图 2-45 所示。

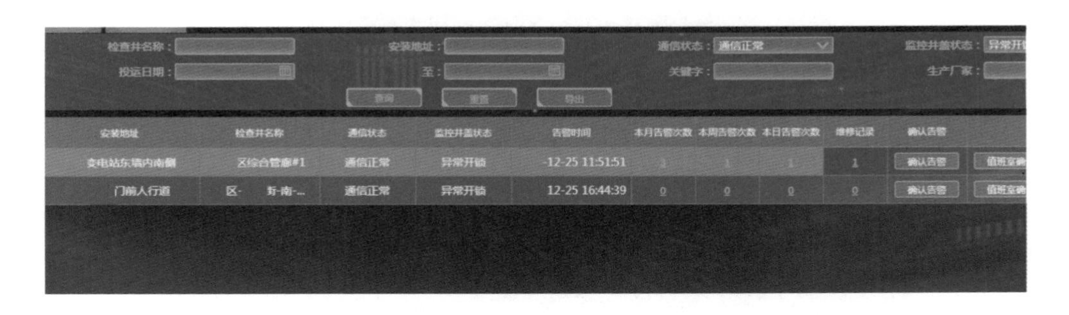

图 2-45　井盖非法开锁状态示意图

（3）远程开锁：双击井盖状态选项，出现井盖具体信息。井盖远程开锁状态如图 2-46 所示。

（4）点击远程开锁选项，输入操作原因，如图 2-47 所示，之后点击确定即可。

（5）井盖开启后，平台上报远程开锁，如图 2-48 所示。

地址	通信状态	通信时间	监控井盖状态	震动倾斜	外井盖状态	采集时间	机械井盖	是否现存缺陷
…交叉口西北角	通信正常	2023-12-25 16:48:27	远程开锁			17:03:26	否	否
…交叉口西北角人行道	通信正常	2023-12-25 16:48:27	远程开锁			2023-12-25 17:03:27	否	否
…南侧绿带内	通信正常	2023-12-25 16:36:17	远程开锁			16:51:27	否	否
…西北20米绿地	通信正常	2023-12-25 16:36:29	远程开锁			:51:43	否	是
…交叉口西北角绿化带…	通信正常	2023-12-25 16:48:27	远程开锁			17:03:26	否	是
…东南角风亭旁	通信正常	2023-12-25 16:42:44	远程开锁			57:24	否	否
…环交叉口东北角北…	通信正常	2023-12-25 16:24:47	远程开锁			2023-12-25 16:39:52	否	否
	通信正常	2023-12-25 16:24:43	远程开锁			2023-12-25 16:39:43	否	是

图 2-46　井盖远程开锁状态示意图

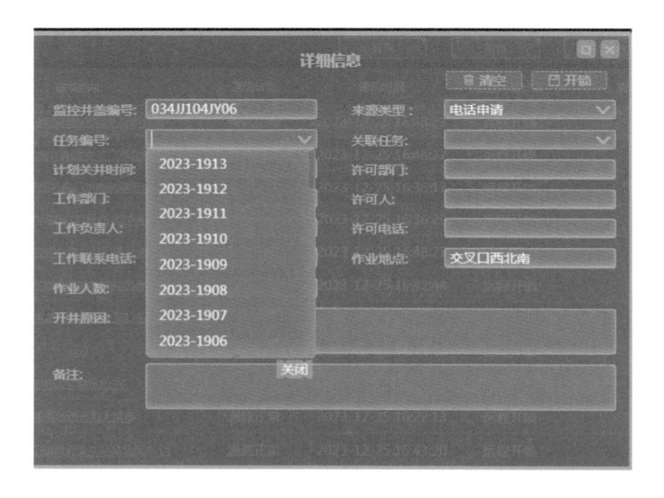

图 2-47　井盖远程开锁操作示意图

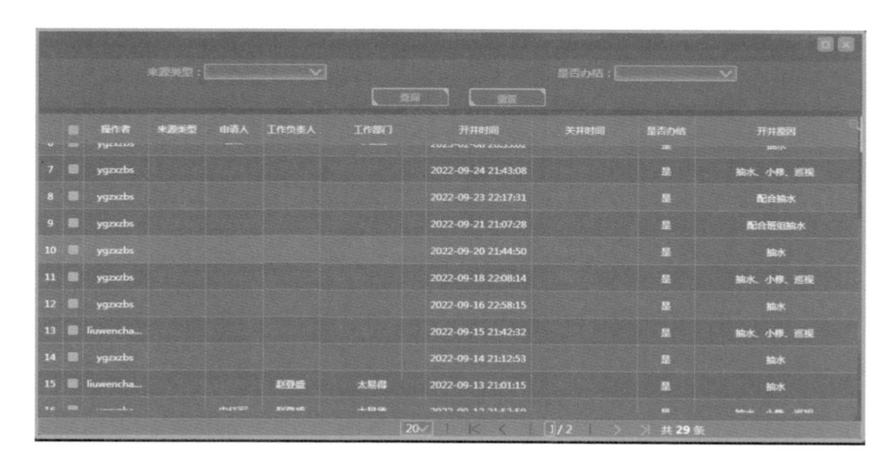

	操作者	来源类型	申请人	工作负责人	工作部门	开井时间	关井时间	是否办结	开井原因
7	ygzxzbs					2022-09-24 21:43:08		是	抽水、小修、巡视
8	ygzxzbs					2022-09-23 22:17:31		是	配合抽水
9	ygzxzbs					2022-09-21 21:07:28		是	配合班组抽水
10	ygzxzbs					2022-09-20 21:44:50		是	抽水
11	ygzxzbs					2022-09-18 22:08:14		是	抽水、小修、巡视
12	ygzxzbs					2022-09-16 22:58:15		是	抽水
13	liuwencha...					2022-09-15 21:42:32		是	抽水、小修、巡视
14	ygzxzbs					2022-09-14 21:12:53		是	抽水
15	liuwencha...			赵登盛	太易得	2022-09-13 21:01:15		是	抽水

图 2-48　井盖上报远程开锁状态示意图

（6）密码开锁（语音开锁）。

1）在平台使用语音开锁，正确输入终端编号及密码后，应能听到清脆的开锁声音，表明井盖锁开锁，按井盖上标注的“开”方向转动把手开启，此时平台应显示“密码开锁”。再将把手完全转至“关”方向打开推轴，井盖锁将自动反锁，表明密码开锁及自动反锁成功。

正确输入终端编号及密码后，听到清脆的开锁声音后，若把手无任何开启动作，两个巡检周期后，井盖锁将自动反锁，表明密码开锁及自动反锁成功。

2）遥控器开锁：使用便携式遥控器，当按下按键“A”时，井盖将接收到的信号上传至监控主机，监控主机将接收到的密码信号通过平台验证正确后，即对井盖下发开锁指令，按下按键“B”时，井盖会立即开锁（备注：遥控控制型井盖具备此项功能）。

（7）应急开启。

1）外部应急开锁：旋拧下锁眼堵头，插入应急钥匙，转动钥匙开锁，应能听到开锁声音，表明井盖锁开锁，按井盖上标注的“开”方向转动把手开启，此时平台应显示“手动开锁”（显示内容和置入程序有关，有时钥匙开锁时平台会显示“非法开锁”也属正常）。再将把手完全转至“关”方向打开推轴，井盖锁将自动反锁，表明外部应急开锁及自动反锁成功。

2）内部应急开锁：按照“开”方向手动或使用工具旋拧井盖锁下方的应急旋钮，应能听到开锁声音，表明井盖锁开锁，按井盖上标注的“开”方向转动把手开启，此时平台应显示“手动开锁”（显示内容和置入程序有关，有时钥匙开锁时平台会显示“非法开锁”也属正常）。再将把手完全转至“关”方向打开推轴，井盖锁将自动反锁，表明内部应急开锁及自动反锁成功。

注意：执行“内部应急开锁”测试，只能在井盖未安装到井口前或安装后人在井下实现测试，否则将会破坏井盖锁结构。

（8）断电重启。断电，查看监控平台，待显示井盖锁通信中断后，说明井盖锁已经完全断开，再次上电，一段时间后，应能恢复断电前的一切功能。

电子井盖锁只有按上述安装和调试正常后方可使用。后续的使用须按流程操作，且注意设备的安全标志以及铭牌说明，防止触电、跌落、磕碰等可能造成人身伤害的事故，且避免损坏设备。

使用过程中应该定期检查设备是否工作正常。当发生故障时需要联系生产厂家或者厂家认可的技术人员进行维修。维修前须关闭电源，严禁打开井盖电子锁！

（三）常见问题及处理方法

1. 典型案例一

监控井盖通信中断，系统中显示如图 2-49 所示，可在监控系统中远程识别，若个别井盖出现通信中断，需派运维人员对监控井盖进行现场检查，若发现井盖发生破损或者断线，须及时进行更换。若整站所带监控井盖通信中断，则应从站内主机侧开始梳理故障，此类故障常见于站内监控主机主板损坏或站内通信线路中断。

		监控井盖编号	通信状态	监控井盖状态	采集时间
1		XX井盖	通信中断	关闭	2022-06-08 16:32:49
2		XX井盖	通信中断	关闭	2022-06-08 16:32:40
3		XX井盖	通信中断	关闭	2022-06-08 16:35:18
4		XX井盖	通信中断	关闭	2022-06-08 16:39:00

图 2-49　监控井盖通信中断

2. 典型案例二

监控井盖数据不上传，系统显示状态如图 2-50 所示，表现在监控井盖状态采集未按规定时间更新。无法远程开关井，可在精益化系统中进行筛选。数据未按时上传，常见于站内监控主机软件问题导致，因此可首先派运维人员进站对监控主机进行调试，若调试后井盖仍未更新数据，可根据定位前往现场进行核实。

3. 典型案例三

井盖异常开锁，信号如图 2-51 所示。异常开锁原因为：

（1）井盖被人为开启，或者机动车碾压等因素导致异常振动。

（2）井盖控制电源线路接触不良，表现在精益化系统中，井盖短时间内反复报送异常开锁信号。

通信状态	监控井盖状态	采集时间	机械井盖	是
通信正常	关闭	2022-06-02 16:56:18	否	
通信正常	关闭	2022-06-02 16:56:18	否	
通信正常	关闭	2022-06-02 16:56:18		
通信正常	关闭	2022-06-08 14:52:49	是	
通信正常	关闭	2022-06-08 14:52:49	是	

时间未更新

图 2-50　监控井盖数据不上传

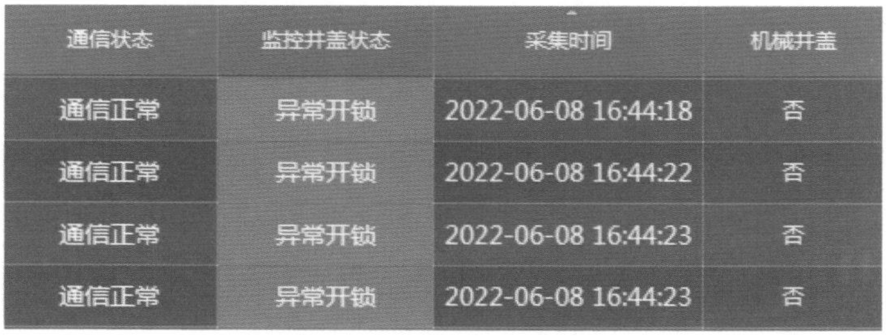

通信状态	监控井盖状态	采集时间	机械井盖
通信正常	异常开锁	2022-06-08 16:44:18	否
通信正常	异常开锁	2022-06-08 16:44:22	否
通信正常	异常开锁	2022-06-08 16:44:23	否
通信正常	异常开锁	2022-06-08 16:44:23	否

图 2-51　监控井盖异常开锁状态

针对（1）、（2）两种情况，均应尽快派出运维人员进行现场核实，对第（1）种情况，应在核实井盖开启原因后，尽快将井盖复位至关闭状态；针对第（2）种情况，应在判断井盖故障原因及位置后及时列缺，并通知检修人员尽快开展处缺工作。

4. 井盖例行检查与维护

井盖锁为井盖核心部件，常见问题可参见表 2-9 中检查内容。此外，不论是否有人要进入隧道，都应定期检查监控井盖主机状态，包括电气状态和机械安装状态等。

表 2-9　　井盖锁检查内容

序号	检查项目	内容	如有故障发生的维护措施
1	铭牌、标签编号	是否破损、划伤	重新贴铭牌、标签编号
2	手柄	是否丢失	装配新的，拧紧螺钉

续表

序号	检查项目	内容	如有故障发生的维护措施
3	长轴	收缩伸展是否流畅	将两端的润滑脂擦拭干净重新涂抹
4	应急锁	锁眼是否进入污物，导致堵塞	将锁眼污物清理干净，拧上井盖锁眼堵头
5	井盖锁眼堵头	是否丢失	配上新堵头并拧紧
6	井盖	是否有泥土覆在上面	清理泥土

五、沉降检测

（一）功能、原理和结构

1. 功能

沉降智能感知系统，可以实时监测隧道结构的变形，获得相应数据，及时了解和掌握隧道结构变化，可以及时发现沉降、变形等隐患，是判断其安全状况的必要方法和手段。在重大活动保障中，对重要通道进行实时监测，可有效反映重型车辆经过时，隧道沉降情况。

2. 原理

隧道沉降智能感知系统通过对隧道主体结构的监测，收集监测数据并对监测数据进行分析，及时掌握隧道的变形情况，可为今后隧道工程设计、施工、运营维护提供借鉴。

3. 结构

本系统由远程固定平台（监控平台）、串口服务器、网络继电器、静力水准仪等部分组成，系统组网如图 2-52 所示，水准仪内部结构如图 2-53 所示，隧道沉降智能感知系统安装示意图如图 2-54 所示。

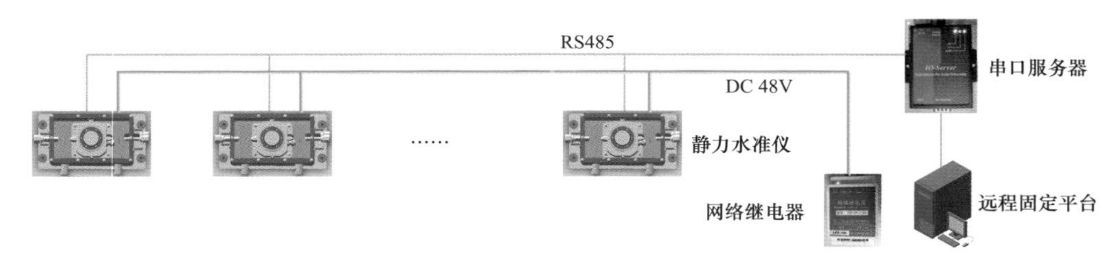

图 2-52　系统组网图

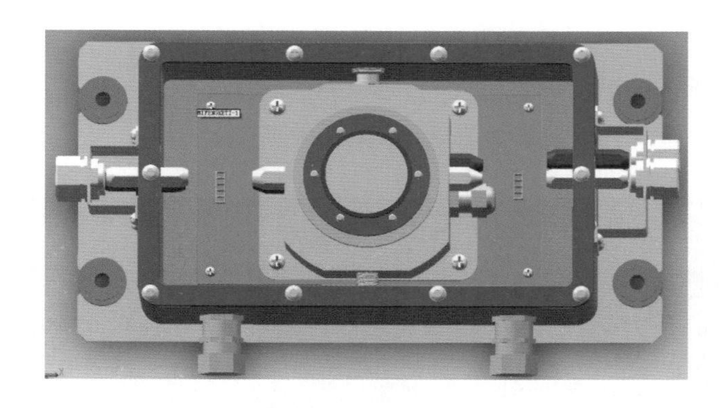

图 2-53　水准仪内部结构图

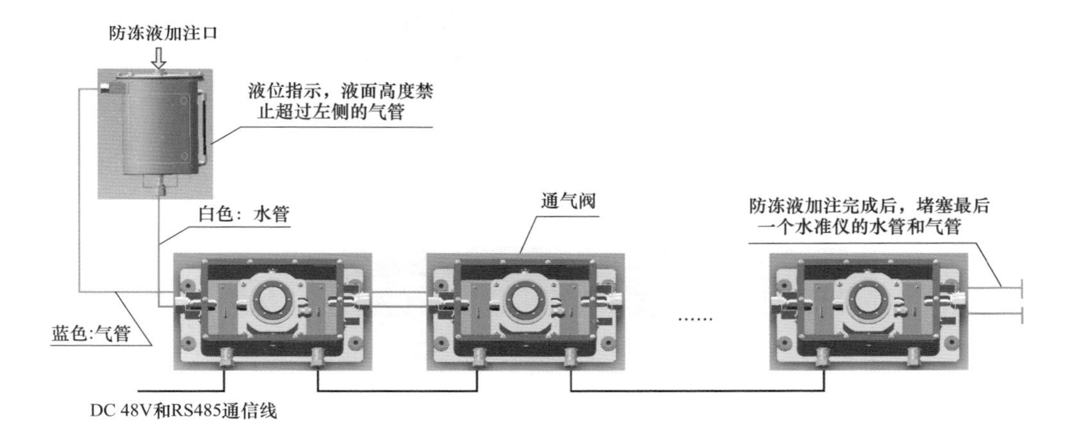

图 2-54　隧道沉降智能感知系统安装示意图

（二）参数及曲线图

静力水准仪技术指标参数如下：

（1）量程：0.2～2000mm；

（2）精度：±0.1mm；

（3）系统误差：±0.2mm；

（4）通信接口：串口服务器 RS485；

（5）通信速率：9600bit/s；

（6）工作电压：DC 12V（外接 DC 24～48V，通过内部电源板转为 DC 12V）；

（7）工作电流：10mA；

（8）外壳材料：镁铝合金；

（9）环境温度范围：–40～80℃。

隧道沉降智能感知系统列表监控如图 2-55 所示。

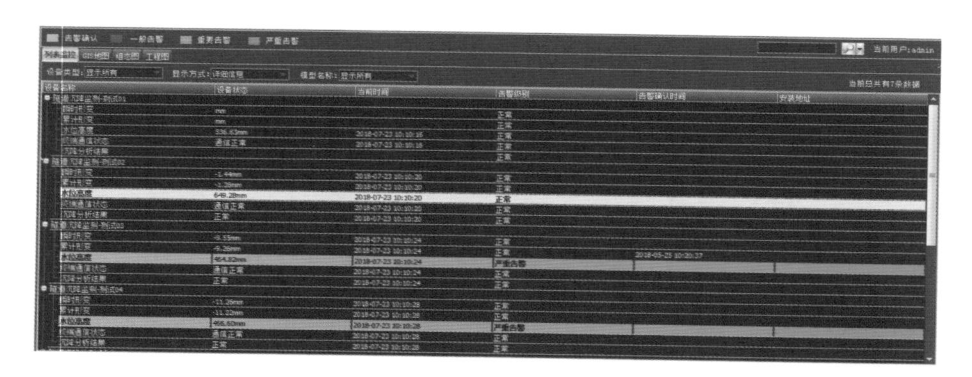

图 2-55　隧道沉降智能感知系统列表监控示意图

历史曲线和历史记录如图 2-56 和图 2-57 所示。

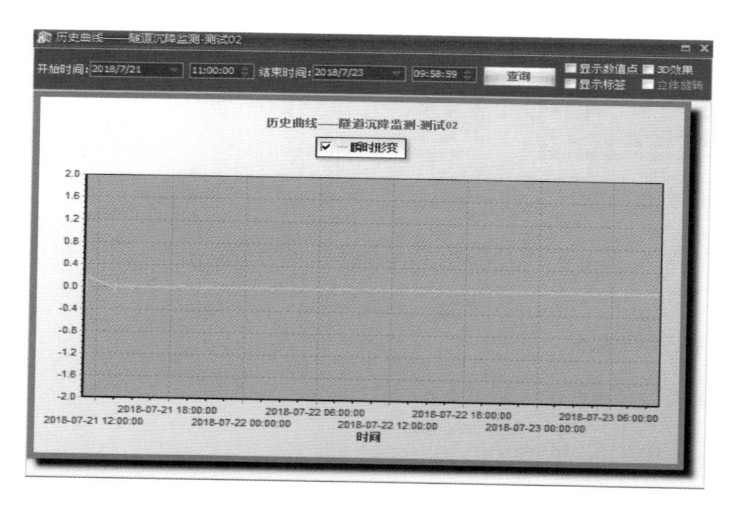

图 2-56　隧道沉降智能感知系统历史曲线示意图

告警确认状态图如图 2-58 所示。

告警解除后，系统显示如图 2-59 所示。

GIS 地图展示窗口如图 2-60 所示。

管理窗口模式下，沉降监测模块如图 2-61 所示。

状态值	状态类型	时间
-7.53mm	低预警	2018-07-21 10:50:46
-0.09mm	正常	2018-07-21 10:52:16
-0.11mm	正常	2018-07-21 10:53:47
-0.05mm	正常	2018-07-21 10:55:17
0.09mm	正常	2018-07-21 10:56:47
0.07mm	正常	2018-07-21 10:58:17
0.14mm	正常	2018-07-21 10:59:48
-0.28mm	正常	2018-07-21 11:01:18
0.03mm	正常	2018-07-21 11:02:48
0.09mm	正常	2018-07-21 11:04:18
0.00mm	正常	2018-07-21 11:05:49
-0.02mm	正常	2018-07-21 11:07:19
-0.09mm	正常	2018-07-21 11:08:49
0.18mm	正常	2018-07-21 11:10:19
-0.04mm	正常	2018-07-21 13:27:00
-0.10mm	正常	2018-07-21 13:28:31
0.06mm	正常	2018-07-21 13:30:01
0.00mm	正常	2018-07-21 13:31:31
0.01mm	正常	2018-07-21 13:33:01
-0.01mm	正常	2018-07-21 13:34:32
-0.01mm	正常	2018-07-21 13:36:02
0.00mm	正常	2018-07-21 13:37:32

图 2-57　隧道沉降智能感知系统历史记录示意图

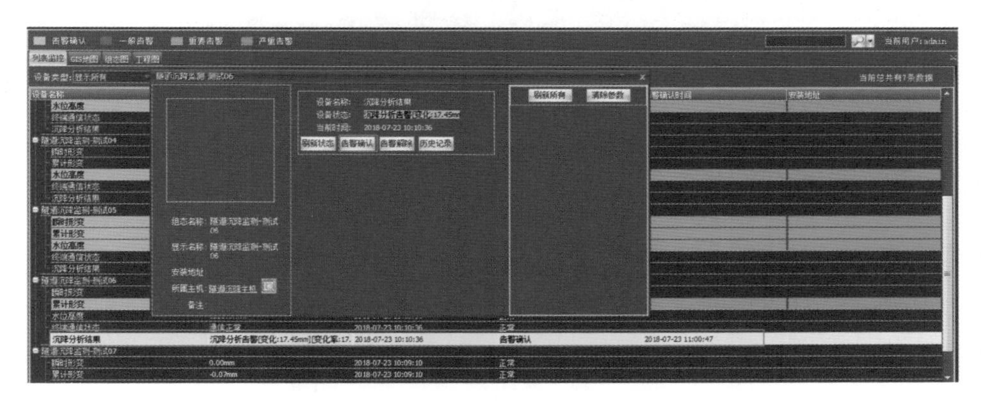

图 2-58　隧道沉降智能感知系统告警确认示意图

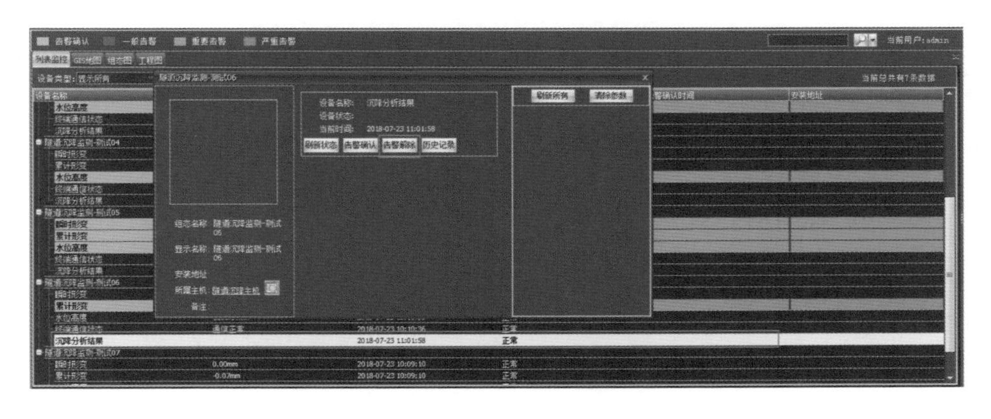

图 2-59　隧道沉降智能感知系统告警解除示意图

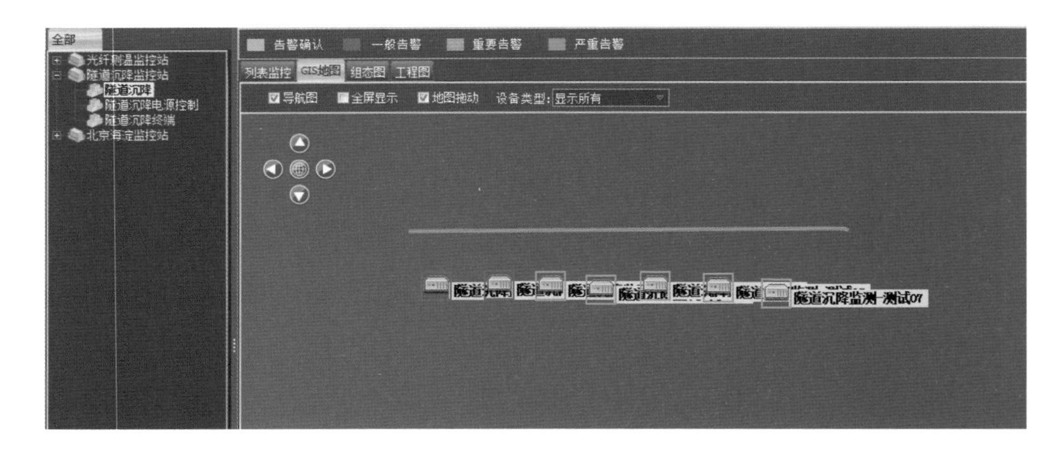

图 2-60 隧道沉降智能感知系统 GIS 地图

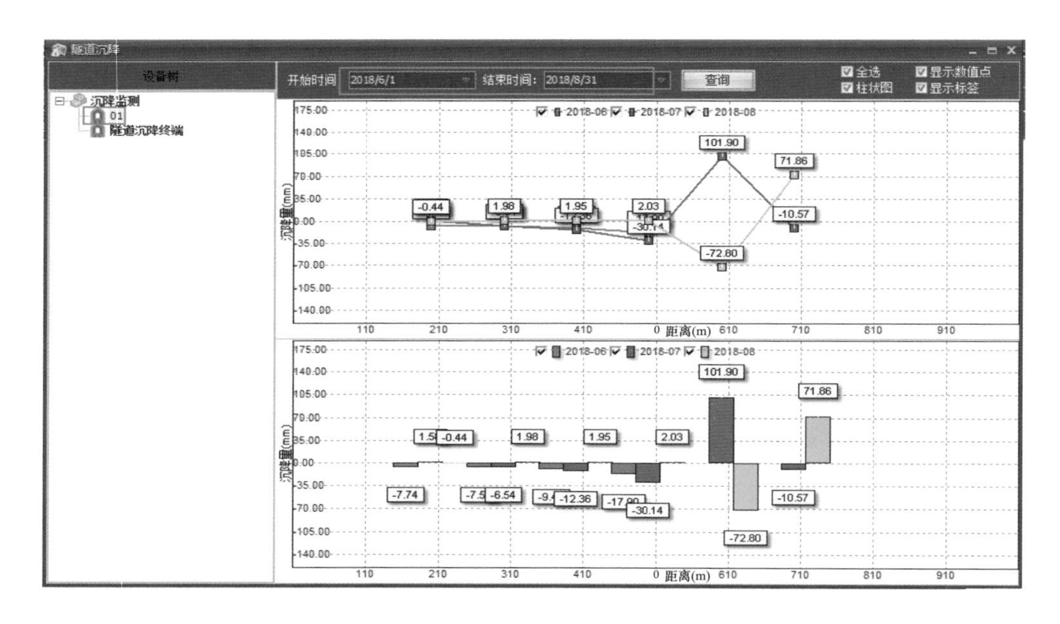

图 2-61 隧道沉降智能感知系统管理窗口沉降监测

图 2-61 左侧以树状列表的形式，列出所有安装有隧道沉降的隧道；根据选择的隧道及起止时间，统计该隧道各个监测点每个月的沉降均值，按月份绘制多条随距离变化的沉降曲线或柱状图。最多可绘制最近 6 个月的沉降变化曲线或柱状图，进行对比分析。

管理窗口模式下，时域对比模式的沉降曲线图如图 2-62 所示。

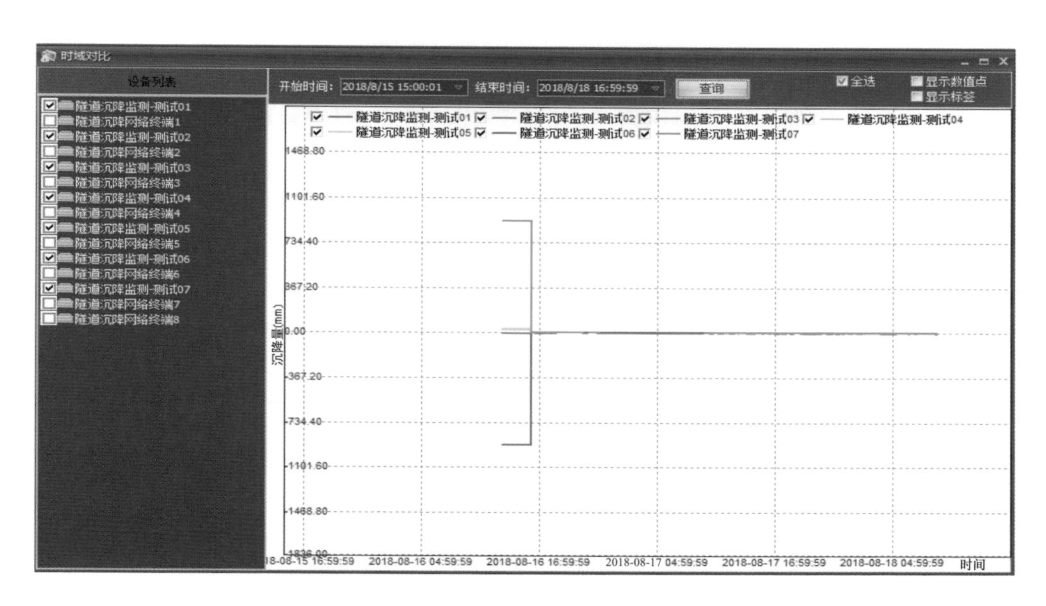

图 2-62 隧道沉降智能感知系统管理窗口时域对比

图 2-62 左侧以列表的形式，列出所有安装的隧道沉降终端；根据选择的一个或多个设备及起止时间，统计各个监测点的沉降值，绘制多条时域变化曲线，便于对比分析。

管理窗口模式下，沉降预测窗口如图 2-63 所示。

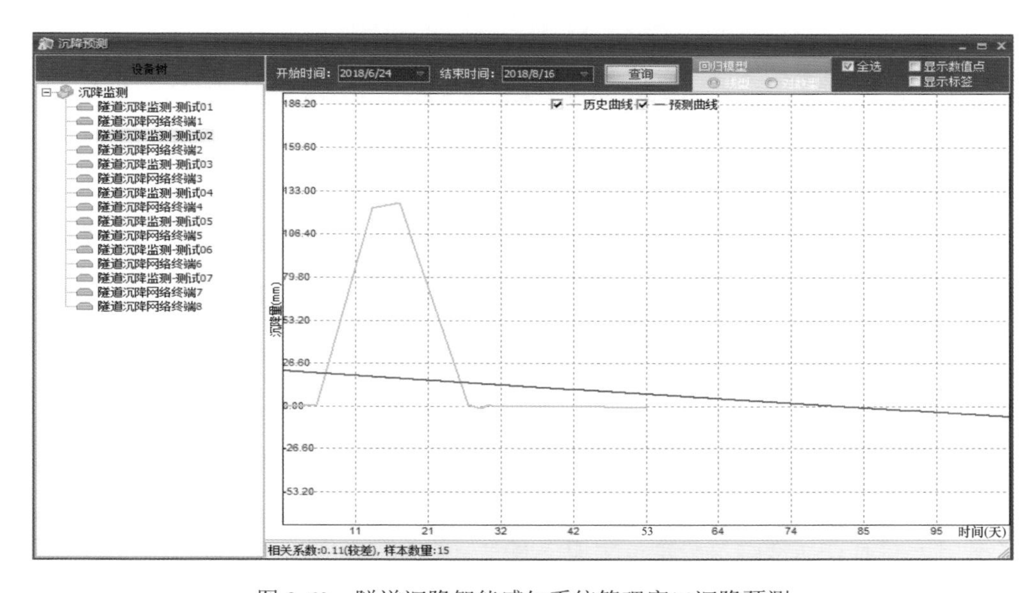

图 2-63 隧道沉降智能感知系统管理窗口沉降预测

图 2-63 左侧以列表的形式，列出所有安装的隧道沉降终端；根据选择的隧道沉降终端及起止时间，按天统计监测点的沉降均值，绘制时域变化曲线，并根据查询的历史数据（不少于 15 天的数据）对未来一段时间的变化进行预测并绘制预测曲线。

（三）常见问题及处理方法

1. 典型案例一

实际沉降数值不符合实际。沉降数值不符合实际。表现在系统显示沉降值与现场实际测量值出现较大偏差。可判定沉降仪损坏，应及时更换沉降仪，与现场实际数据相符后，可再次投入使用。

2. 典型案例二

观测曲线发生突变。如：中间某一次观测数据曲线突然回升。发生这样的现象，多数是因为水准点或观测点受外力作用所导致的。水准点受外力扰动后低于被扰动前的标高或观测点受外力扰动后高于被扰动前的标高，将出现数据回升。若确认水准点被扰动，可通过以下方法进行解决：

（1）水准点被扰动后可以通过其余水准点的联测，及时发现被扰动的水准点。如果水准点只是沉降没有特别明显的变形损坏，此水准点可以继续使用，应及时根据联测结果改正高程数据，以备下次使用。如变形严重，或者其中一个水准点多次观测仍持续沉降，必须另外选择比较适合的位置埋设新水准点，并联测记录新的高程。

（2）观测点被外力扰动变形后，首先需要检查观测点是否有松动或变形，如没有松动可以继续使用。如有松动必须及时加固或者重新埋设新点，如高程发生改变则必须进行合理处理，可以选择附近的沉降点，取该点在同一观测周期内的沉降量，作为被扰动观测点之前的沉降量。此办法虽然不能真正地反映被扰动观测点之前的沉降量，但是如果选择适当，可以得到比较接近实际情况的结论。

其他硬件问题可参照以下方式处理：

（1）量程：储液罐及整个系统加注同一型号的防冻液，储液罐的液面高度与同一系统中的水准仪垂直高度不能超过 2m。

（2）参考点：连接储液罐的第一个水准仪为参考点，此参考点是整个系统的基准，决定了采集精度，所以安装位置必须保证不能沉降。储液罐紧邻参考点安装，它们之间的水管和气管尽量缩短。

（3）水管和气管：水管颜色为白色透明，气管颜色为蓝色不透明，不可接反，否则损坏水准仪。

（4）消除气泡：加注防冻液时，按压水准仪上方的通气阀保证水准仪充满防冻液，可以通过透镜观察，保证内部没有气泡，若顶部有气泡，可以倾斜反转水准仪同时按压通气阀消除。水管中也禁止出现气泡，断开后面水准仪水管，泄放防冻液消除气泡。

（5）长距离加注防冻液：整个系统的后半段由于水流速度减小，导致加注防冻液的时间延长，可以通过分段加注最后连接缩短工作时间。

（6）稳定期：整个系统采集数据的稳定期与水管的长度成正比，稳定期过后方可获取初始值配置到前端机里。

（7）有效期：水准仪工作 3 年后，防冻液 3 年必须全部更换。

第三章 电力电缆新型智能感知技术原理及应用

第一节 高压电力电缆本体

一、精准故障测距

（一）功能、原理和结构

1. 功能

目前电力架空线、隧道电缆在发生跳闸故障后，需要辨别故障点是发生在架空段，还是发生在隧道直埋段，以给故障后的二次合闸带来准确判断，为是否进行重合闸操作提供准确有效的依据；若故障点位置在电缆线路上则禁止重合闸操作，若故障位置不在电缆线路上，则允许重合闸操作。除监测电流的变化规律外，为防止终端头固定装置或密封套管脱落引起温升导致的故障，在终端头相应位置设置感温探头，实时监测温度变化情况，并及时告警。

2. 原理

架空电缆混合输电线路对地短路故障智能感知系统通过在混合输电线路电缆段两端设置监测设备，测量并计算不同接地方式下电缆两端本体及接地线在发生故障瞬间的电流变化规律，结合电缆对地短路故障对混合线路的影响及故障特征，智能判断是否发生对地短路故障并定位故障点位置。

3. 结构

架空电缆混合输电线路对地短路故障智能感知系统由监测采集（智能感知）单元、Real-Time 软件综合服务平台、声光报警器等组成。其中智能感知单元由导体负荷电流互感器（3 个）、接地电流互感器（3 个）、终端头感温传感器（3 个）、北斗同步授时接收天线、无线组网通信单元、非接触感应单元（可选）及 IP68 防护等级的防水电装盒组成，箱体面板如图 3-1 所示。功能特点如下：

（1）采用 304 不锈钢防爆密封盒，抗冲击、无缝隙、防爆、防水、防腐等，防护等级 IP68。

（2）主机具备 1 路 DC 12V 供电接口。

（3）主机具备 9 路模拟量检测接口。

（4）箱体具备开关检测点，可上报监控中心箱体的门开关状态。

（5）箱体面板具备设备运行指示灯，可本地判断设备工作状态。

（二）参数及曲线图

供电方式：太阳能等直流供电，电压 DC 17～75V。

通信方式：无线全网通模块方式。

信号要求：现场安装环境，天线信号强度不低于 15dB。

配置方式：具备现场调试串口，便于现场配置。

尺寸：高 600mm、宽 500mm、厚 120mm。

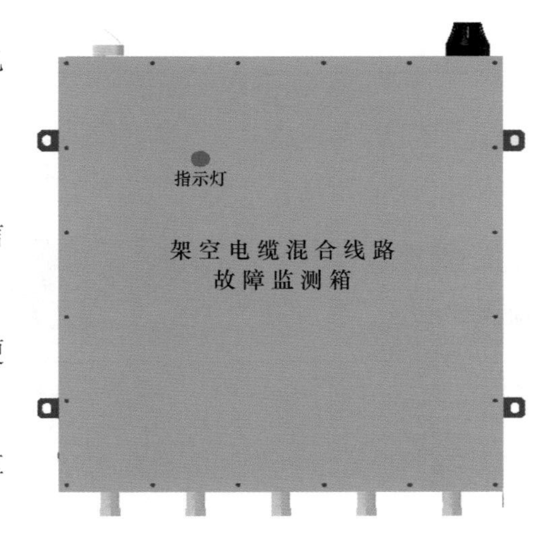

图 3-1 箱体面板示意图

质量：约 21kg。

防水等级：IP68。

工作温度：–40～70℃。

抗冲击性能（EN50014）：IK08。

其余系统参数参照表 3-1。

表 3-1　　　　故障精确定位监测系统参数

端子	线路板标识	含义	备注
2J1	vin+	电源+	接 DC 12V 电源
	vin–	电源–	
3J1	3J1	北斗模块接口	接入北斗天线
3M1	3M1	全网通模块接口	接入全网通天线
4XP5～4XP7	+	传感器+	+接温度传感器红色线对 – 接温度传感器白色线对
	+		
	–	传感器–	
	–		
A-M～C-GND	A-M～C-GND	TA 接口	M～C-M 接入大尺寸 TA A-GND～C-GND 接入小尺寸 TA
4XP1	+12V	指示灯接口	接入 12V 指示灯的正极
	LED		接入 12V 指示灯的负极
4J1	VCC SIG GND 4J1	霍尔开关接口	霍尔开关电源
			霍尔开关信号
			霍尔开关地

主机的电压监视、设备状态等信息以直观方式直接展现于监控平台，便于工程人员查看主机运行状态，如图 3-2 所示。

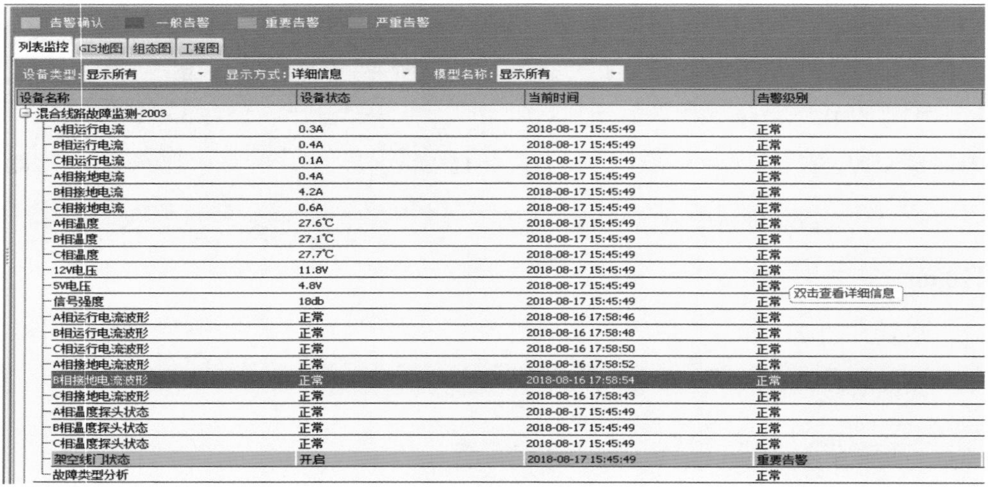
告警确认
一般告警
重要告警
严重告警
列表监控
GIS地图
组态图
工程图
设备类型:
显示所有
显示方式:
详细信息
模型名称:
显示所有
设备名称
设备状态
当前时间
告警级别
混合线路故障监测-2003
A相运行电流 0.3A 2018-08-17 15:45:49 正常
B相运行电流 0.4A 2018-08-17 15:45:49 正常
C相运行电流 0.1A 2018-08-17 15:45:49 正常
A相接地电流 0.4A 2018-08-17 15:45:49 正常
B相接地电流 4.2A 2018-08-17 15:45:49 正常
C相接地电流 0.6A 2018-08-17 15:45:49 正常
A相温度 27.6℃ 2018-08-17 15:45:49 正常
B相温度 27.1℃ 2018-08-17 15:45:49 正常
C相温度 27.7℃ 2018-08-17 15:45:49 正常
12V电压 11.8V 2018-08-17 15:45:49 正常
5V电压 4.8V 2018-08-17 15:45:49 正常
信号强度 18db 2018-08-17 15:45:49 正常
双击查看详细信息
A相运行电流波形 正常 2018-08-16 17:58:46 正常
B相运行电流波形 正常 2018-08-16 17:58:48 正常
C相运行电流波形 正常 2018-08-16 17:58:50 正常
A相接地电流波形 正常 2018-08-16 17:58:52 正常
B相接地电流波形 正常 2018-08-16 17:58:54 正常
C相接地电流波形 正常 2018-08-16 17:58:43 正常
A相温度探头状态 正常 2018-08-17 15:45:49 正常
B相温度探头状态 正常 2018-08-17 15:45:49 正常
C相温度探头状态 正常 2018-08-17 15:45:49 正常
架空线门状态 开启 2018-08-17 15:45:49 重要告警
故障类型分析 正常

图 3-2　主机运行监视界面

主机的超限电流波形在监控站的展示界面如图 3-3 所示。

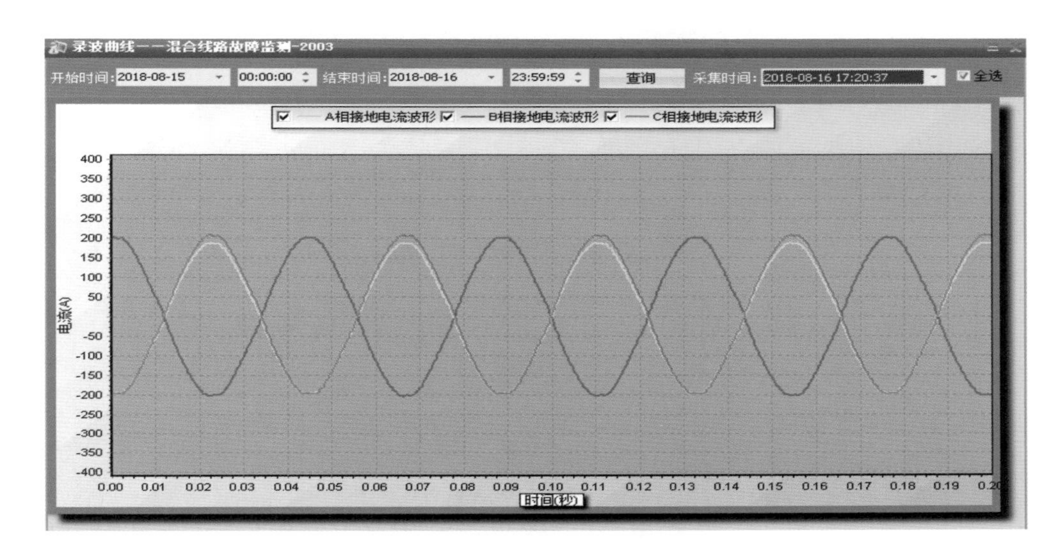

图 3-3 波形展示界面

（三）常见问题及处理方法

1. 信号强度不足导致通信中断

需进行现场考察，可使用手机下载“信号助手”来查看环境信号，手机使用的电话卡需支持 4G 网络，运营商支持移动、联通、电信网络，要求使用三种电话依次查看环境信号，建议选用信号强度最强且大于 15dB 的运营商 SIM 卡。此处所述信号强度，皆指主机实际运行条件下的信号强度，例如：主机安装于隧道出入隧道口下方，信号强度指标获取时，隧道口门禁等装置需处于关闭状态，测试位置应为主机实际安装位置。

现场调试工具：USB 转 TTL 调试线一条。

使用维管系统，主板 1XP1 接口接入 USB 转 TTL 调试线（调试工具的各引脚直接与电路板 1XP1 直连，注意：电源选择 3.3V），参数配置中串口号选择接入串口工具的实际 COM 口→波特率选择 115200，如图 3-4 所示。

操作类型中，选择“架空线短路主机”→打开串口，如图 3-5 所示。

按照“读取终端参数”→主机编号写入→服务器 IP 写入对端主机地址→服务器端口写入对端主机端口→点击“写入终端参数”的顺序选择，确认主机参数是否写入成功，如图 3-6 所示。

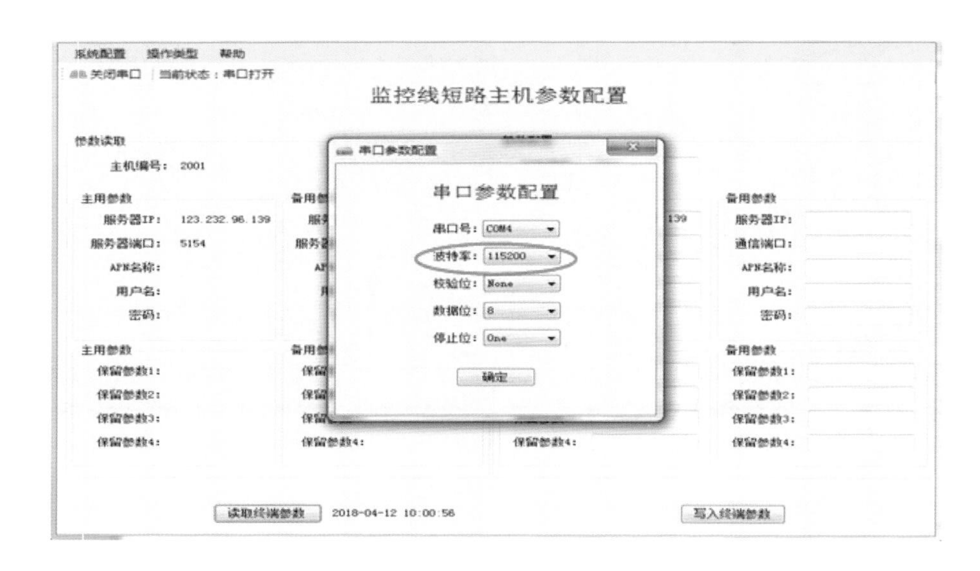

图 3-4　参数配置中串口号选择

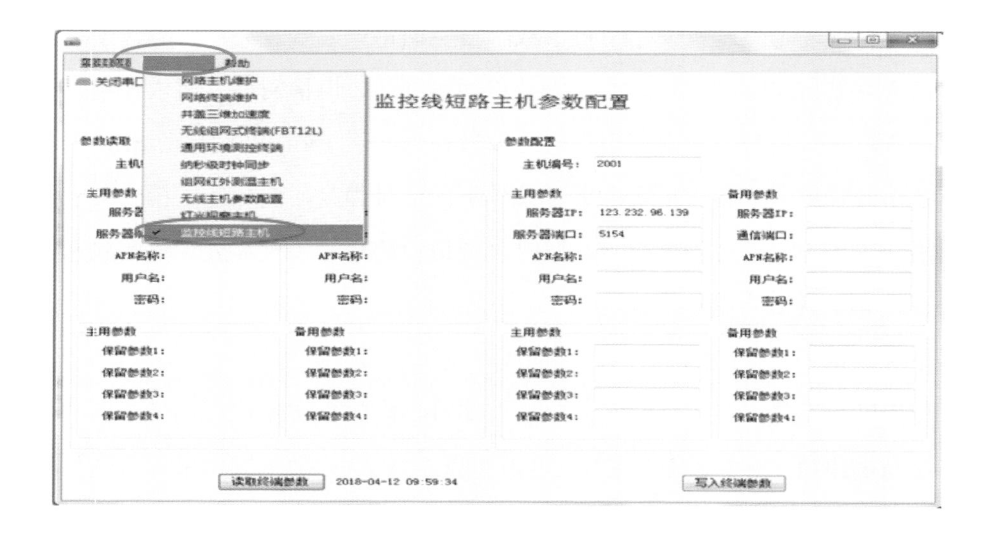

图 3-5　架空线短路主机→打开串口

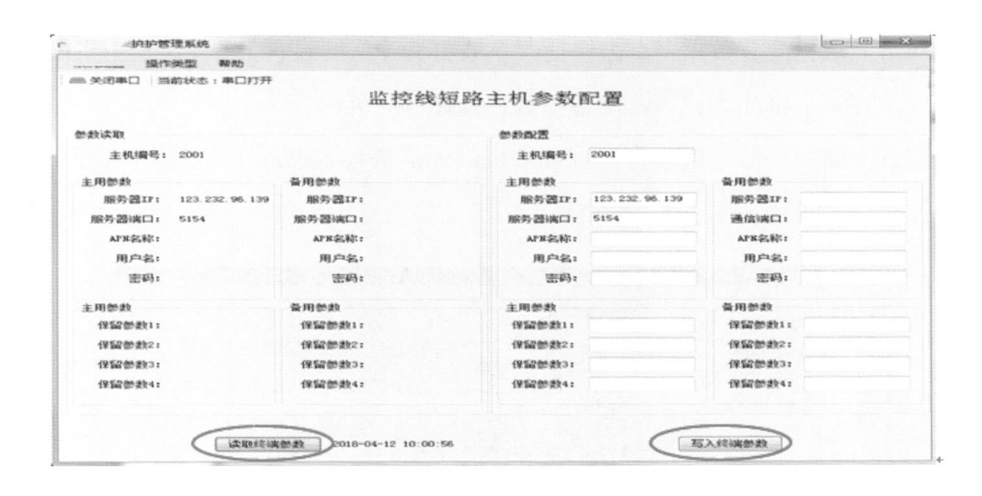

图 3-6　确认主机参数是否写入成功

2. 参数配置错误导致主机未能正常工作

可按如下顺序进行处理：功能项测试参数配置→上报周期“30”→6 相通道阈值“1000”→点击“保存并配置”→点击“读取”查看参数是否正确配置，如图 3-7 所示。

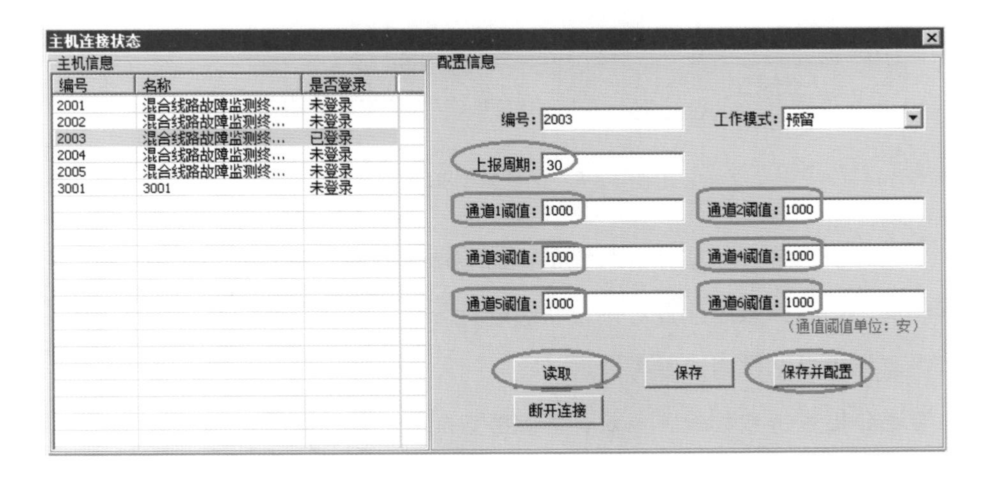

图 3-7　前端机主机参数配置

终端模板选择：混合线路故障监测模板。

资源管理器：前端机类型选择“自配置前端机”。

网络前端机配置数据：点击快捷菜单或打开【系统设置】→【监控主机配置】菜单项，打开主机配置窗口，配置参数，如图 3-8 所示。

注意：因网络前端机为自配置前端机，无法进行数据同步，因此，需到前端机软件模块上进行手工下载。

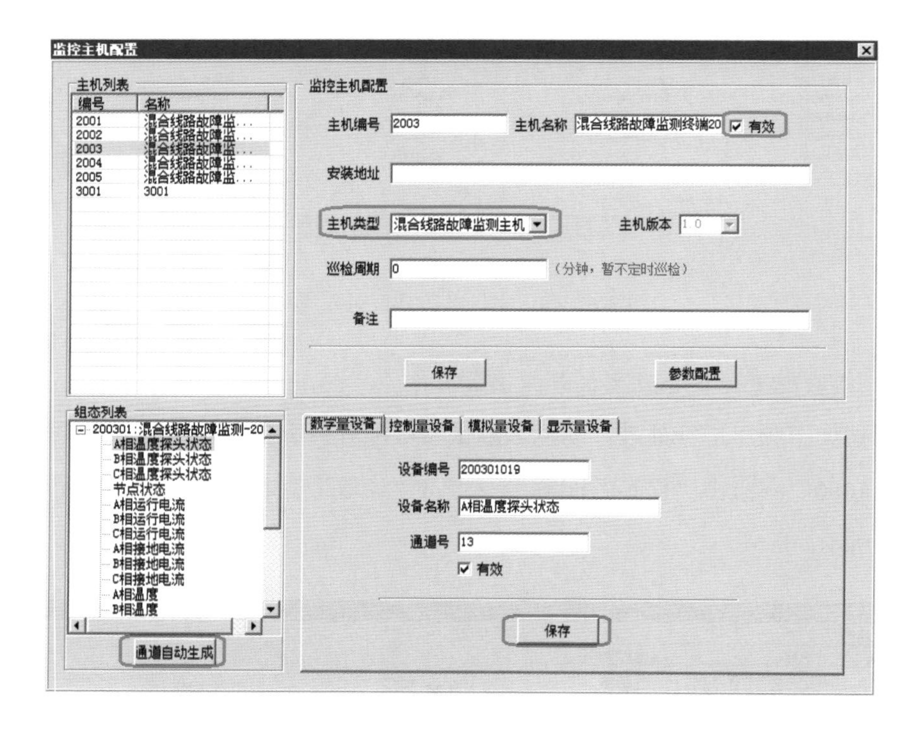

图 3-8　配置数据参数配置

专家分析系统：专家分析系统是 Real-Time 智能实时监控系统中数据计算和分析模块，它根据系统配置对设备状态进行分析，并将分析结果记录到数据库并显示在监控管理站供用户参考。

专家分析系统参数配置主要有基础参数配置和线路配置，其中：

（1）专家分析系统基础参数配置可参照以下流程设置：打开专家分析模块，点击【算法设置】→【混合线路故障分析】→【基础参数】，如图 3-9 所示。

其中参数可参照以下数据进行设置：

1）分析延时：60s（用户自定义）；

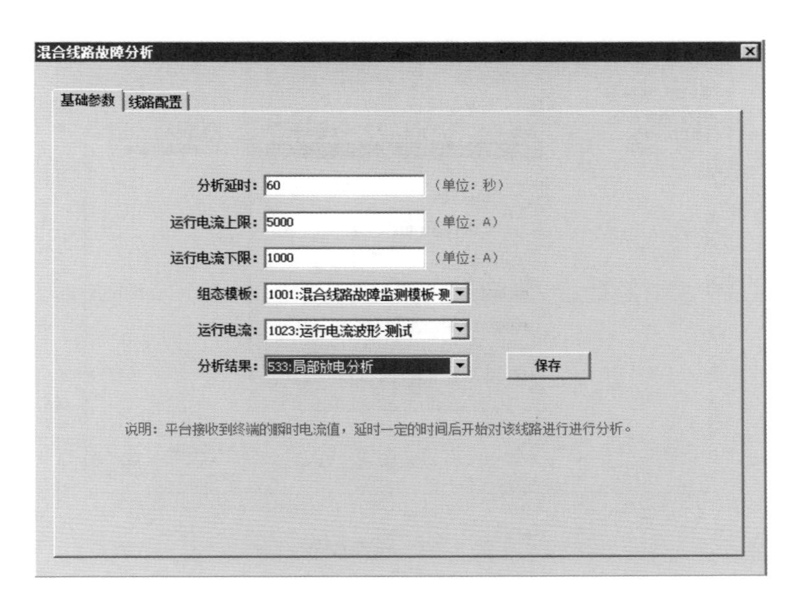

图 3-9　基础参数配置

2）运行电流上限：5000A（用户自定义）；

3）运行电流下限：1000A（用户自定义）；

4）组态模板：1001：混合线路故障检测模板（同资源管理器添加的组态模板）；

5）运行电流：1023：运行电流波形（同资源管理器添加的设备类型）；

6）分析结果：533：局部放电分析（同资源管理器添加的设备类型）；

7）点击保存。

（2）线路配置可按照以下顺序设置：打开专家分析模块，点击【算法设置】→【混合线路故障分析】→【线路配置】，如图 3-10 所示。

其中参数可参照以下数据进行设置：

1）名称：线路 2（用户自定义）；

2）类型：架空线-电缆-架空线（用户自定义）；

3）长度：10000m（用户自定义，用于定位相间短路时短路发生的位置）；

4）供电端组态：200101：混合线路故障监测-2001（用户自定义）；

5）受电端组态：200201：混合线路故障监测-2002（用户自定义）；

6）点击保存。

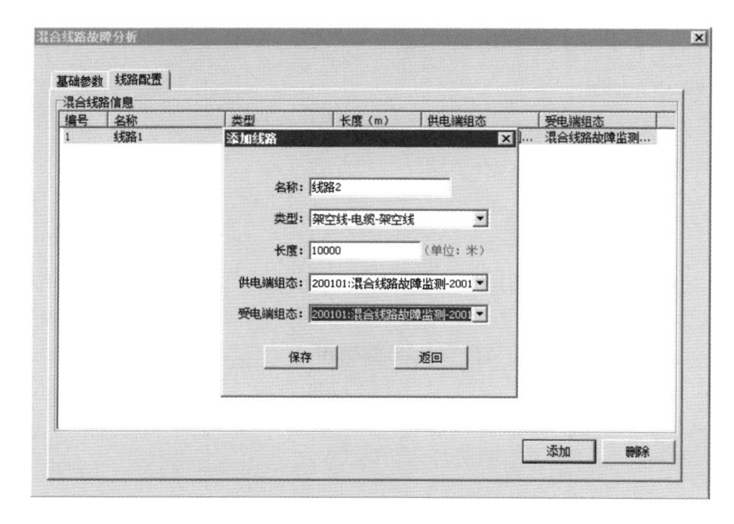

图 3-10　线路配置

二、双光融合监拍

（一）功能、原理和结构

1. 功能

终端站塔在运行过程中，电缆终端头、避雷器等电气设备会由于内部或外部的原因产生热缺陷，引起温度异常升高，需要监测其温度。运维人员周期性巡视不能实时掌握设备发热状况，为了能及时发现终端塔的异常发热情况，通过在终端塔安装双光视频，可实现对终端塔电气设备的自动红外测温和故障诊断。

2. 原理

为了能及时发现终端塔的异常发热情况，通过在终端塔安装双光视频 M7i/V5i，可实现对终端塔电气设备的自动红外测温和诊断。以某 110kV 双回路终端塔为例，每个塔安装 1 套 M7i 和 2 套 V5i，对双回路 A、B、C 三相电缆终端头的柱头、套管、尾管进行测温，如图 3-11 所示。

图 3-11　终端塔双光视频安装示意图

3. 结构

如图 3-12 所示，双光视频具有可见光镜头、热成像镜头、微气象传感器（温度、湿度、风速、风向、气压、太阳辐射、雨量），除以上功能外，还可以加装云台（水平 360°/垂直±90°旋转）。装置具有以下功能：

（1）可见光对塔体、通道进行监测，AI 识别。

（2）在线红外实时测温。

（3）微气象辅助红外测温。

（4）自动红外测温巡检。

（5）自动红外测温诊断。

（6）自动生成红外测温报告。

（7）红外测温告警。

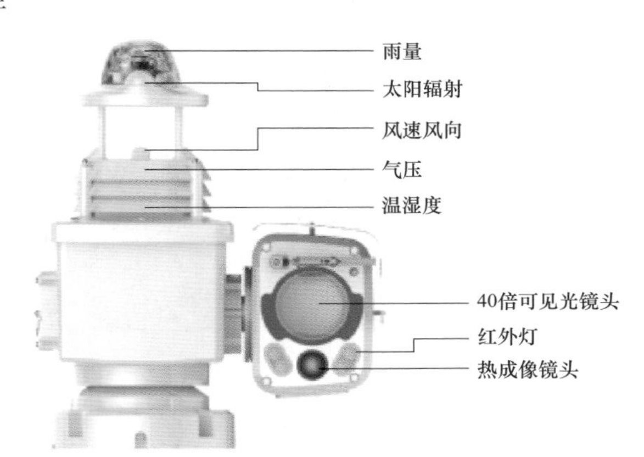

图 3-12　终端塔双光视频结构图

（二）参数及曲线图

双光视频在电缆终端塔上安装完成后，效果如图 3-13 所示。

（a）整体图

（b）俯视图

图 3-13　终端塔双光视频安装效果结构图

测温效果如图 3-14 所示，对电缆终端头的柱头、套管、尾管进行测温。微气象数据效果如图 3-15 所示。

（a）柱头实物图

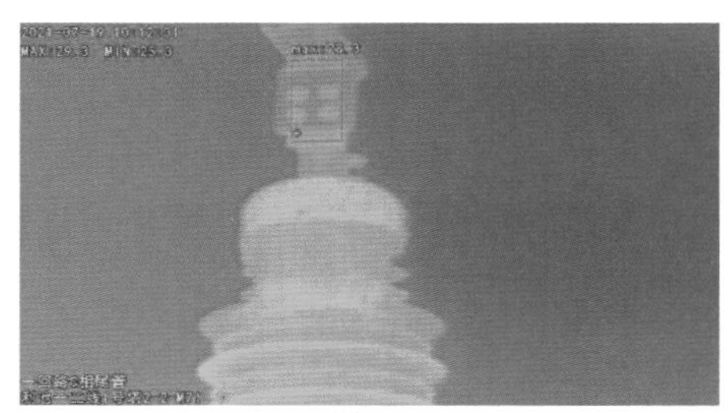

（b）柱头测温图

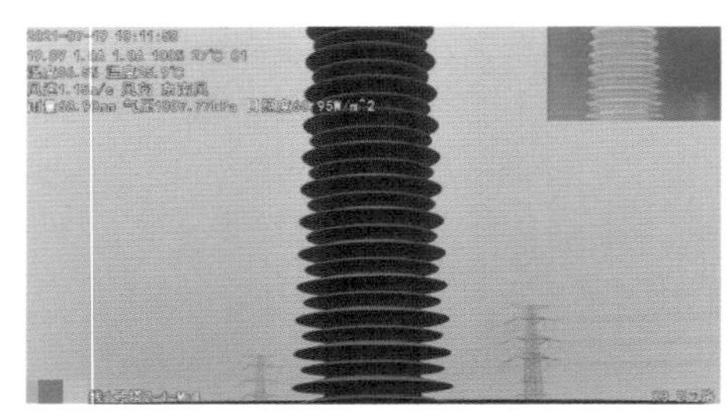

（c）套管实物图

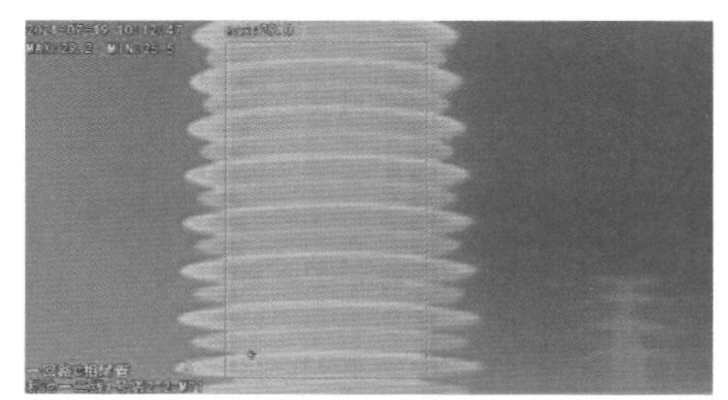

（d）套管测温图

（e）尾管实物图

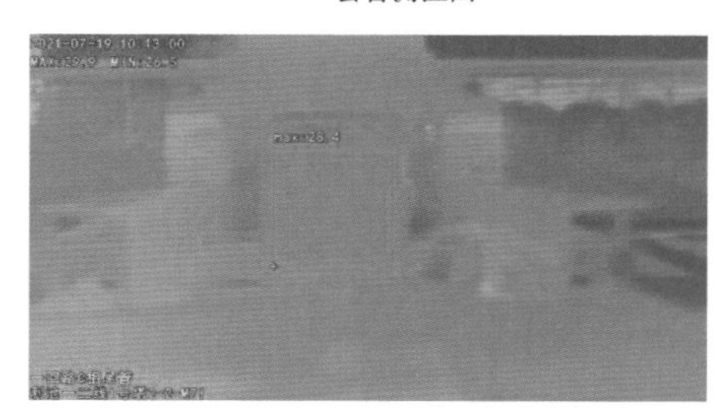

（f）尾管测温图

图 3-14　终端塔双光视频测温效果结构图

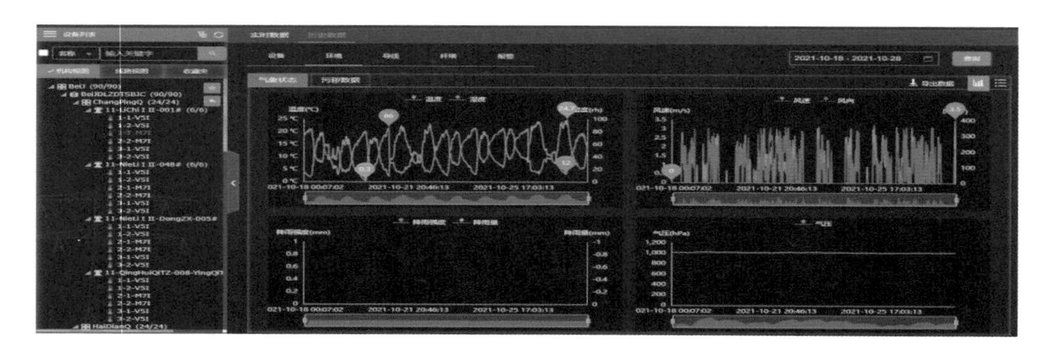

图 3-15　微气象数据效果

红外巡检抓拍如图 3-16 所示。

红外巡检报告、三相对比报告、详细报告如图 3-17～图 3-19 所示。

图 3-16　红外巡检抓拍

（a）报告

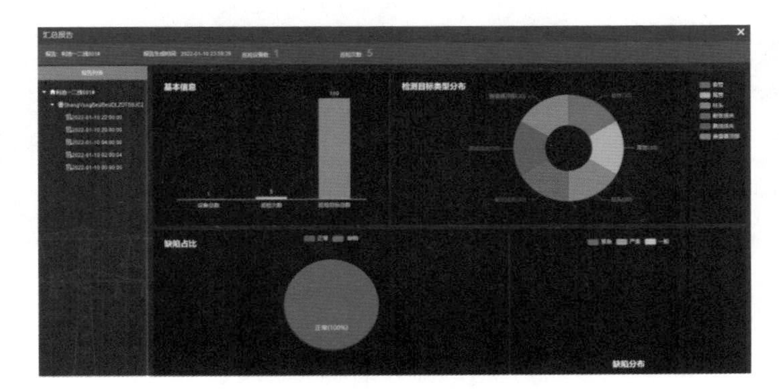

（b）报告图标

图 3-17　红外巡检报告

图 3-18　三相对比报告

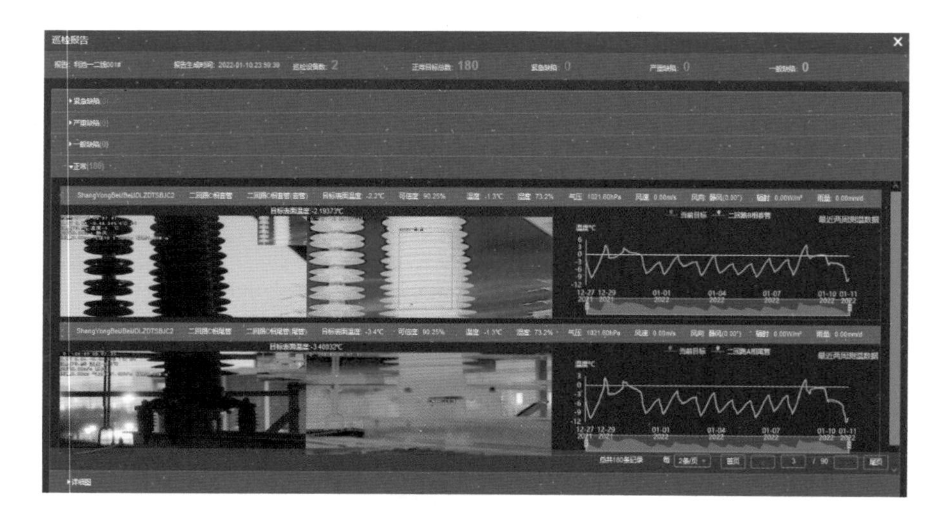

图 3-19　详细报告

导出双光视频对终端塔的三相电缆终端头（柱头、套管、尾管）的测温数据并做同类相间温差分析。如图 3-20 所示，为典型终端塔在 12 月 15 日～12 月 31 日的测温数据和相间温差结果。

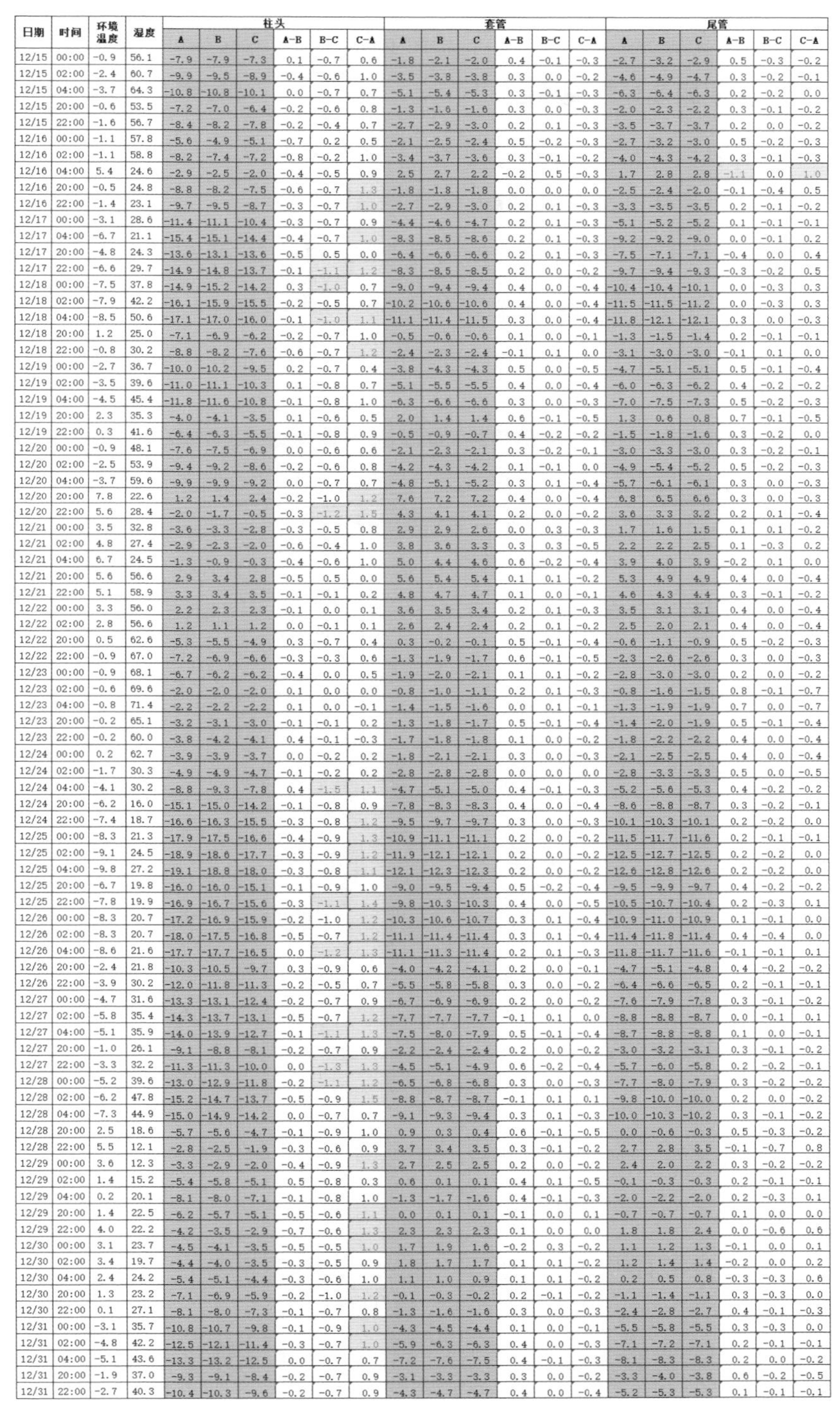

日期	时间	环境温度	湿度	柱头						套管						尾管					
				A	B	C	A-B	B-C	C-A	A	B	C	A-B	B-C	C-A	A	B	C	A-B	B-C	C-A
12/15	00:00	-0.9	56.1	-7.9	-7.9	-7.3	0.1	-0.7	0.6	-1.8	-2.1	-2.0	0.4	-0.1	-0.3	-2.7	-3.2	-2.9	0.5	-0.3	-0.2
12/15	02:00	-2.4	60.7	-9.9	-9.5	-8.9	-0.4	-0.6	1.0	-3.5	-3.8	-3.8	0.3	0.0	-0.2	-4.6	-4.9	-4.7	0.3	-0.2	-0.1
12/15	04:00	-3.7	64.3	-10.8	-10.8	-10.1	0.0	-0.7	0.7	-5.1	-5.4	-5.3	0.3	-0.1	-0.3	-6.3	-6.4	-6.3	0.2	-0.2	0.0
12/15	20:00	-0.6	53.5	-7.2	-7.0	-6.4	-0.2	-0.6	0.8	-1.3	-1.6	-1.6	0.3	0.0	-0.3	-2.0	-2.3	-2.2	0.3	-0.1	-0.2
12/15	22:00	-1.6	56.7	-8.4	-8.2	-7.8	-0.2	-0.4	0.7	-2.7	-2.9	-3.0	0.2	0.1	-0.3	-3.5	-3.7	-3.7	0.2	0.0	-0.2
12/16	00:00	-1.1	57.8	-5.6	-4.9	-5.1	-0.7	0.2	0.5	-2.1	-2.5	-2.4	0.5	-0.2	-0.3	-2.7	-3.2	-3.0	0.5	-0.2	-0.3
12/16	02:00	-1.1	58.8	-8.2	-7.4	-7.2	-0.8	-0.2	1.0	-3.4	-3.7	-3.6	0.3	-0.1	-0.2	-4.0	-4.3	-4.2	0.3	-0.1	-0.3
12/16	04:00	5.4	24.6	-2.9	-2.5	-2.0	-0.4	-0.5	0.9	2.5	2.7	2.2	-0.2	0.5	-0.3	1.7	2.8	2.8	-1.1	0.0	1.0
12/16	20:00	-0.5	24.8	-8.8	-8.2	-7.5	-0.6	-0.7	1.3	-1.8	-1.8	-1.8	0.0	0.0	0.0	-2.5	-2.4	-2.0	-0.1	-0.4	0.5
12/16	22:00	-1.4	23.1	-9.7	-9.5	-8.7	-0.3	-0.7	1.0	-2.7	-2.9	-3.0	0.2	0.1	-0.3	-3.3	-3.5	-3.5	0.2	-0.1	-0.2
12/17	00:00	-3.1	28.6	-11.4	-11.1	-10.4	-0.3	-0.7	0.9	-4.4	-4.6	-4.7	0.2	0.1	-0.3	-5.1	-5.2	-5.2	0.1	-0.1	-0.1
12/17	04:00	-6.7	21.1	-15.4	-15.1	-14.4	-0.4	-0.7	1.0	-8.3	-8.5	-8.6	0.2	0.1	-0.3	-9.2	-9.2	-9.0	0.0	-0.1	0.2
12/17	20:00	-4.8	24.3	-13.6	-13.1	-13.6	-0.5	0.5	0.0	-6.4	-6.6	-6.6	0.2	0.1	-0.3	-7.5	-7.1	-7.1	-0.4	0.0	0.4
12/17	22:00	-6.6	29.7	-14.9	-14.8	-13.7	-0.1	-1.1	1.2	-8.3	-8.5	-8.5	0.2	0.0	-0.2	-9.7	-9.4	-9.3	-0.3	-0.2	0.5
12/18	00:00	-7.5	37.8	-14.9	-15.2	-14.2	0.3	-1.0	0.7	-9.0	-9.4	-9.4	0.4	0.0	-0.4	-10.4	-10.4	-10.1	0.0	-0.3	0.3
12/18	02:00	-7.9	42.2	-16.1	-15.9	-15.5	-0.2	-0.5	0.7	-10.2	-10.6	-10.6	0.4	0.0	-0.4	-11.5	-11.5	-11.2	0.0	-0.3	0.3
12/18	04:00	-8.5	50.6	-17.1	-17.0	-16.0	-0.1	-1.0	1.1	-11.1	-11.4	-11.5	0.3	0.0	-0.4	-11.8	-12.1	-12.1	0.3	0.0	-0.3
12/18	20:00	1.2	25.0	-7.1	-6.9	-6.2	-0.2	-0.7	1.0	-0.5	-0.6	-0.6	0.1	0.0	-0.1	-1.3	-1.5	-1.4	0.2	-0.1	-0.1
12/18	22:00	-0.8	30.2	-8.8	-8.2	-7.6	-0.6	-0.7	1.2	-2.4	-2.3	-2.4	-0.1	0.1	0.0	-3.1	-3.0	-3.0	-0.1	0.1	0.0
12/19	00:00	-2.7	36.7	-10.0	-10.2	-9.5	0.2	-0.7	0.4	-3.8	-4.3	-4.3	0.5	0.0	-0.5	-4.7	-5.1	-5.1	0.5	-0.1	-0.4
12/19	02:00	-3.5	39.6	-11.0	-11.1	-10.3	0.1	-0.8	0.7	-5.1	-5.5	-5.5	0.4	0.0	-0.4	-6.0	-6.3	-6.2	0.4	-0.2	-0.2
12/19	04:00	-4.5	45.4	-11.8	-11.6	-10.8	-0.1	-0.8	1.0	-6.3	-6.6	-6.6	0.3	0.0	-0.3	-7.0	-7.5	-7.3	0.5	-0.2	-0.3
12/19	20:00	2.3	35.3	-4.0	-4.1	-3.5	0.1	-0.6	0.5	2.0	1.4	1.4	0.6	-0.1	-0.5	1.3	0.6	0.8	0.7	-0.1	-0.5
12/19	22:00	0.3	41.6	-6.4	-6.3	-5.5	-0.1	-0.8	0.9	-0.5	-0.9	-0.7	0.4	-0.2	-0.2	-1.5	-1.8	-1.6	0.3	-0.2	0.0
12/20	00:00	-0.9	48.1	-7.6	-7.5	-6.9	0.0	-0.6	0.6	-2.1	-2.3	-2.1	0.3	-0.2	-0.1	-3.0	-3.3	-3.0	0.3	-0.2	-0.1
12/20	02:00	-2.5	53.9	-9.4	-9.2	-8.6	-0.2	-0.6	0.8	-4.2	-4.3	-4.2	0.1	-0.1	0.0	-4.9	-5.4	-5.2	0.5	-0.2	-0.3
12/20	04:00	-3.7	59.6	-9.9	-9.9	-9.2	0.0	-0.7	0.7	-4.8	-5.1	-5.2	0.3	0.1	-0.4	-5.7	-6.1	-6.1	0.3	0.0	-0.3
12/20	20:00	7.8	22.6	1.2	1.4	2.4	-0.2	-1.0	1.2	7.6	7.2	7.2	0.4	0.0	-0.4	6.8	6.5	6.6	0.3	0.0	-0.3
12/20	22:00	5.6	28.4	-2.0	-1.7	-0.5	-0.3	-1.2	1.5	4.3	4.1	4.1	0.2	0.0	-0.2	3.6	3.3	3.2	0.2	0.1	-0.4
12/21	00:00	3.5	32.8	-3.6	-3.3	-2.8	-0.3	-0.5	0.8	2.9	2.9	2.6	0.0	0.3	-0.3	1.7	1.6	1.5	0.1	0.1	-0.2
12/21	02:00	4.8	27.4	-2.9	-2.3	-2.0	-0.6	-0.4	1.0	3.8	3.6	3.3	0.3	0.3	-0.5	2.2	2.2	2.5	0.1	-0.3	0.2
12/21	04:00	6.7	24.5	-1.3	-0.9	-0.3	-0.4	-0.6	1.0	5.0	4.4	4.6	0.6	-0.2	-0.4	3.9	4.0	3.9	-0.2	0.1	0.0
12/21	20:00	5.6	56.6	2.9	3.4	2.8	-0.5	0.5	0.0	5.6	5.4	5.4	0.1	0.1	-0.2	5.3	4.9	4.9	0.4	0.0	-0.4
12/21	22:00	5.1	58.9	3.3	3.4	3.5	-0.1	-0.1	0.2	4.8	4.7	4.7	0.1	0.0	-0.1	4.6	4.3	4.4	0.3	-0.1	-0.2
12/22	00:00	3.3	56.0	2.2	2.3	2.3	-0.1	0.0	0.1	3.6	3.5	3.4	0.2	0.1	-0.3	3.5	3.1	3.1	0.4	0.0	-0.4
12/22	02:00	2.8	56.6	1.2	1.1	1.2	0.0	-0.1	0.1	2.6	2.4	2.4	0.2	0.1	-0.2	2.5	2.0	2.1	0.4	0.0	-0.4
12/22	20:00	0.5	62.6	-5.3	-5.5	-4.9	0.3	-0.7	0.4	0.3	-0.2	-0.1	0.5	-0.1	-0.4	-0.6	-1.1	-0.9	0.5	-0.2	-0.3
12/22	22:00	-0.9	67.0	-7.2	-6.9	-6.6	-0.3	-0.3	0.6	-1.3	-1.9	-1.7	0.6	-0.1	-0.5	-2.3	-2.6	-2.6	0.3	0.0	-0.3
12/23	00:00	-0.9	68.1	-6.7	-6.2	-6.2	-0.4	0.0	0.5	-1.9	-2.0	-2.1	0.1	0.1	-0.2	-2.8	-3.0	-3.0	0.2	0.0	-0.2
12/23	02:00	-0.6	69.6	-2.0	-2.0	-2.0	0.1	0.0	0.0	-0.8	-1.0	-1.1	0.2	0.1	-0.3	-0.8	-1.6	-1.5	0.8	-0.1	-0.7
12/23	04:00	-0.8	71.4	-2.2	-2.2	-2.2	0.1	0.0	-0.1	-1.4	-1.5	-1.6	0.0	0.1	-0.1	-1.3	-1.9	-1.9	0.7	0.0	-0.7
12/23	20:00	-0.2	65.1	-3.2	-3.1	-3.0	-0.1	-0.1	0.2	-1.3	-1.8	-1.7	0.5	-0.1	-0.4	-1.4	-2.0	-1.9	0.5	-0.1	-0.4
12/23	22:00	-0.2	60.0	-3.8	-4.2	-4.1	0.4	-0.1	-0.3	-1.7	-1.8	-1.8	0.1	0.0	-0.2	-1.8	-2.2	-2.2	0.4	0.0	-0.4
12/24	00:00	0.2	62.7	-3.9	-3.9	-3.7	0.0	-0.2	0.2	-1.8	-2.1	-2.1	0.3	0.0	-0.3	-2.1	-2.5	-2.5	0.4	0.0	-0.4
12/24	02:00	-1.7	30.3	-4.9	-4.9	-4.7	-0.1	-0.2	0.2	-2.8	-2.8	-2.8	0.0	0.0	0.0	-2.8	-3.3	-3.3	0.5	0.0	-0.5
12/24	04:00	-4.1	30.2	-8.8	-9.3	-7.8	0.4	-1.5	1.1	-4.7	-5.1	-5.0	0.4	-0.1	-0.3	-5.2	-5.6	-5.3	0.4	-0.2	-0.2
12/24	20:00	-6.2	16.0	-15.1	-15.0	-14.2	-0.1	-0.8	0.9	-7.8	-8.3	-8.3	0.4	0.0	-0.4	-8.6	-8.8	-8.7	0.3	-0.2	-0.1
12/24	22:00	-7.4	18.7	-16.6	-16.3	-15.5	-0.3	-0.8	1.2	-9.5	-9.7	-9.7	0.3	0.0	-0.3	-10.1	-10.3	-10.1	0.2	-0.2	0.0
12/25	00:00	-8.3	21.3	-17.9	-17.5	-16.6	-0.4	-0.9	1.3	-10.9	-11.1	-11.1	0.2	0.0	-0.2	-11.5	-11.7	-11.6	0.2	-0.1	-0.1
12/25	02:00	-9.1	24.5	-18.9	-18.6	-17.7	-0.3	-0.9	1.2	-11.9	-12.1	-12.1	0.2	0.0	-0.2	-12.5	-12.7	-12.5	0.2	-0.2	0.0
12/25	04:00	-9.8	27.2	-19.1	-18.8	-18.0	-0.3	-0.8	1.1	-12.1	-12.3	-12.3	0.2	0.0	-0.2	-12.6	-12.8	-12.6	0.2	-0.2	0.0
12/25	20:00	-6.7	19.8	-16.0	-16.0	-15.1	-0.1	-0.9	1.0	-9.0	-9.5	-9.4	0.5	-0.2	-0.4	-9.5	-9.9	-9.7	0.4	-0.2	-0.2
12/25	22:00	-7.8	19.9	-16.9	-16.7	-15.6	-0.3	-1.1	1.4	-9.8	-10.3	-10.3	0.4	0.0	-0.5	-10.5	-10.7	-10.4	0.2	-0.3	0.1
12/26	00:00	-8.3	20.7	-17.2	-16.9	-15.9	-0.2	-1.0	1.2	-10.3	-10.6	-10.7	0.3	0.1	-0.4	-10.9	-11.0	-10.9	0.1	-0.1	0.0
12/26	02:00	-8.3	20.7	-18.0	-17.5	-16.8	-0.5	-0.7	1.2	-11.1	-11.4	-11.4	0.3	0.1	-0.4	-11.4	-11.8	-11.4	0.4	-0.4	0.0
12/26	04:00	-8.6	21.6	-17.7	-17.7	-16.5	0.0	-1.2	1.3	-11.1	-11.3	-11.4	0.2	0.1	-0.3	-11.8	-11.7	-11.6	-0.1	-0.1	0.1
12/26	20:00	-2.4	21.8	-10.3	-10.5	-9.7	0.3	-0.9	0.6	-4.0	-4.2	-4.1	0.2	0.0	-0.1	-4.7	-5.1	-4.8	0.4	-0.2	-0.2
12/26	22:00	-3.9	30.2	-12.0	-11.8	-11.3	-0.2	-0.5	0.7	-5.5	-5.8	-5.8	0.3	0.0	-0.2	-6.4	-6.6	-6.5	0.2	-0.1	-0.1
12/27	00:00	-4.7	31.6	-13.3	-13.1	-12.4	-0.2	-0.7	0.9	-6.7	-6.9	-6.9	0.2	0.0	-0.2	-7.6	-7.9	-7.8	0.3	-0.1	-0.2
12/27	02:00	-5.8	35.4	-14.3	-13.7	-13.1	-0.5	-0.7	1.2	-7.7	-7.7	-7.7	-0.1	0.1	0.0	-8.8	-8.8	-8.7	0.0	-0.1	0.1
12/27	04:00	-5.1	35.9	-14.0	-13.9	-12.7	-0.1	-1.1	1.3	-7.5	-8.0	-7.9	0.5	-0.1	-0.4	-8.7	-8.8	-8.8	0.1	0.0	-0.1
12/27	20:00	-1.0	26.1	-9.1	-8.8	-8.1	-0.2	-0.7	0.9	-2.2	-2.4	-2.4	0.2	0.0	-0.2	-3.0	-3.2	-3.1	0.3	-0.1	-0.2
12/27	22:00	-3.3	32.2	-11.3	-11.3	-10.0	0.0	-1.3	1.3	-4.5	-5.1	-4.9	0.6	-0.2	-0.4	-5.7	-6.0	-5.8	0.2	-0.2	-0.1
12/28	00:00	-5.2	39.6	-13.0	-12.9	-11.8	-0.2	-1.1	1.2	-6.5	-6.8	-6.8	0.3	0.0	-0.3	-7.7	-8.0	-7.9	0.3	-0.2	-0.2
12/28	02:00	-6.2	47.8	-15.2	-14.7	-13.7	-0.5	-0.9	1.5	-8.8	-8.7	-8.7	-0.1	0.1	0.1	-9.8	-10.0	-10.0	0.2	0.0	-0.2
12/28	04:00	-7.3	44.9	-15.0	-14.9	-14.2	0.0	-0.7	0.7	-9.1	-9.3	-9.4	0.3	0.1	-0.3	-10.0	-10.3	-10.2	0.3	-0.1	-0.2
12/28	20:00	2.5	18.6	-5.7	-5.6	-4.7	-0.1	-0.9	1.0	0.9	0.3	0.4	0.6	-0.1	-0.5	0.0	-0.6	-0.3	0.5	-0.3	-0.2
12/28	22:00	5.5	12.1	-2.8	-2.5	-1.9	-0.3	-0.6	0.9	3.7	3.4	3.5	0.3	-0.1	-0.2	2.7	2.8	3.5	-0.1	-0.7	0.8
12/29	00:00	3.6	12.3	-3.3	-2.9	-2.0	-0.4	-0.9	1.3	2.7	2.5	2.5	0.2	0.0	-0.2	2.4	2.0	2.2	0.3	-0.2	-0.2
12/29	02:00	1.4	15.2	-5.4	-5.8	-5.1	0.5	-0.8	0.3	0.6	0.1	0.1	0.4	0.1	-0.5	-0.1	-0.3	-0.3	0.2	-0.1	-0.1
12/29	04:00	0.2	20.1	-8.1	-8.0	-7.1	-0.1	-0.8	1.0	-1.3	-1.7	-1.6	0.4	-0.1	-0.3	-2.0	-2.2	-2.0	0.2	-0.3	0.1
12/29	20:00	1.4	22.5	-6.2	-5.7	-5.1	-0.5	-0.6	1.1	0.0	0.1	0.1	-0.1	0.0	0.1	-0.7	-0.7	-0.7	0.1	0.0	0.0
12/29	22:00	4.0	22.2	-4.2	-3.5	-2.9	-0.7	-0.6	1.3	2.3	2.3	2.3	0.1	0.0	0.0	1.8	1.8	2.4	0.0	-0.6	0.6
12/30	00:00	3.1	23.7	-4.5	-4.1	-3.5	-0.5	-0.5	1.0	1.7	1.9	1.6	-0.2	0.3	-0.2	1.1	1.2	1.3	-0.1	0.0	0.1
12/30	02:00	3.4	19.7	-4.4	-4.0	-3.5	-0.3	-0.5	0.9	1.8	1.7	1.7	0.1	0.1	-0.2	1.2	1.4	1.4	-0.2	0.0	0.2
12/30	04:00	2.4	24.2	-5.4	-5.1	-4.4	-0.3	-0.6	1.0	1.1	1.0	0.9	0.1	0.1	-0.2	0.2	0.5	0.8	-0.3	-0.3	0.6
12/30	20:00	1.3	23.2	-7.1	-6.9	-5.9	-0.2	-1.0	1.2	-0.1	-0.3	-0.2	0.2	-0.1	-0.2	-1.1	-1.4	-1.1	0.3	-0.3	0.0
12/30	22:00	0.1	27.1	-8.1	-8.0	-7.3	-0.1	-0.7	0.8	-1.3	-1.6	-1.6	0.3	0.0	-0.3	-2.4	-2.8	-2.7	0.4	-0.1	-0.3
12/31	00:00	-3.1	35.7	-10.8	-10.7	-9.8	-0.1	-0.9	1.0	-4.3	-4.5	-4.4	0.1	0.0	-0.1	-5.5	-5.8	-5.5	0.3	-0.3	0.0
12/31	02:00	-4.8	42.2	-12.5	-12.1	-11.4	-0.3	-0.7	1.0	-5.9	-6.3	-6.3	0.4	0.0	-0.3	-7.1	-7.2	-7.1	0.2	-0.1	-0.1
12/31	04:00	-5.1	43.6	-13.3	-13.2	-12.5	0.0	-0.7	0.7	-7.2	-7.6	-7.5	0.4	-0.1	-0.3	-8.1	-8.3	-8.3	0.2	0.0	-0.2
12/31	20:00	-1.9	37.0	-9.3	-9.1	-8.4	-0.2	-0.7	0.9	-3.1	-3.3	-3.3	0.3	0.0	-0.2	-3.3	-4.0	-3.8	0.6	-0.2	-0.5
12/31	22:00	-2.7	40.3	-10.4	-10.3	-9.6	-0.2	-0.7	0.9	-4.3	-4.7	-4.7	0.4	0.0	-0.4	-5.2	-5.3	-5.3	0.1	-0.1	-0.1

图 3-20　测温数据和相间温差结果

相间温差基本都在±2℃以内，与三相电流一致（即发热量一致）的情况符合。

（三）常见问题及处理方法

经过实际运行，问题常见于摄像头及网络运行。

1. 设备通过网线直连时过2min设备掉线

设置方法：设备默认电源管理模式为07:00:00～19:00:00工作，若要长时间使用网线直连，则需要在“NVS监控客户端——前端参数设置——时间参数”将时间同步或者使用配置工具将电源管理使能关闭，如图3-21所示。

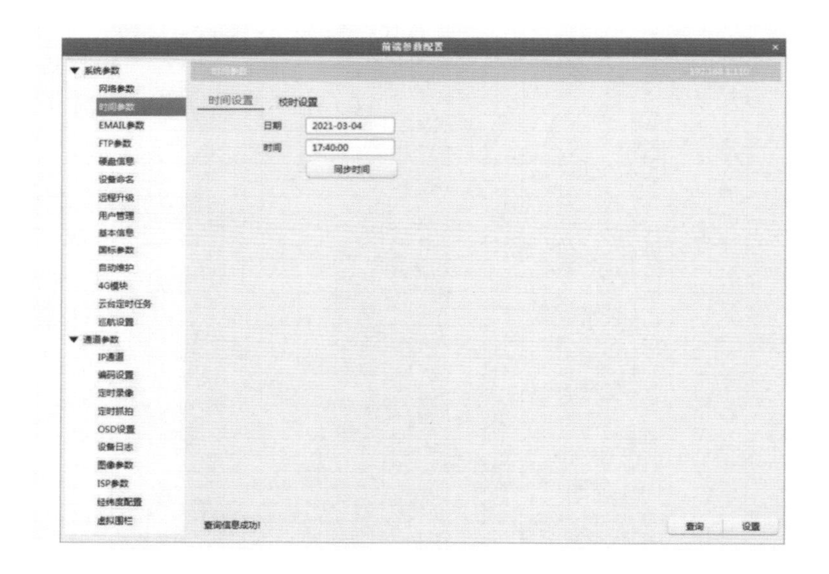

图3-21　前端参数设置

2. 设备注册不在线

分析：

（1）确保选择了正确的注册协议（如南网、I1、省平台、国标、B接口）。

（2）确保配置的平台参数没问题。

（3）确保平台端有填写的注册ID（注意不要有空格）。

（4）确保4G能完成拨号。

3. 多平台同时在线配置

可同时配置南网协议、国标协议、I1协议、省平台协议、B接口协议任意3

种协议，同时注册上平台，南网协议、I1 协议、省平台协议有默认的抓拍参数，配置完平台参数后需在“前端参数设置——电力抓拍”选择相应的注册协议进行修改，配置截面如图 3-22 所示。

图 3-22　前端参数设置——电力抓拍

4. 无画中画

分析：画中画需要在从码流才能显示，需要在“配置管理——显示管理——码流配置”将启用从码流显示勾选，同时实时预览界面要保持大于 1 个预览窗口，如图 3-23 所示。

5. 按时间段查询无录像

分析：

（1）确认设备是否插有快闪存储器卡 TF。

（2）确认是否对磁盘进行格式化。

（3）确认设备查询时间是否含有工作时间段（设备默认工作时间段为 07:00:00～19:00:00）。

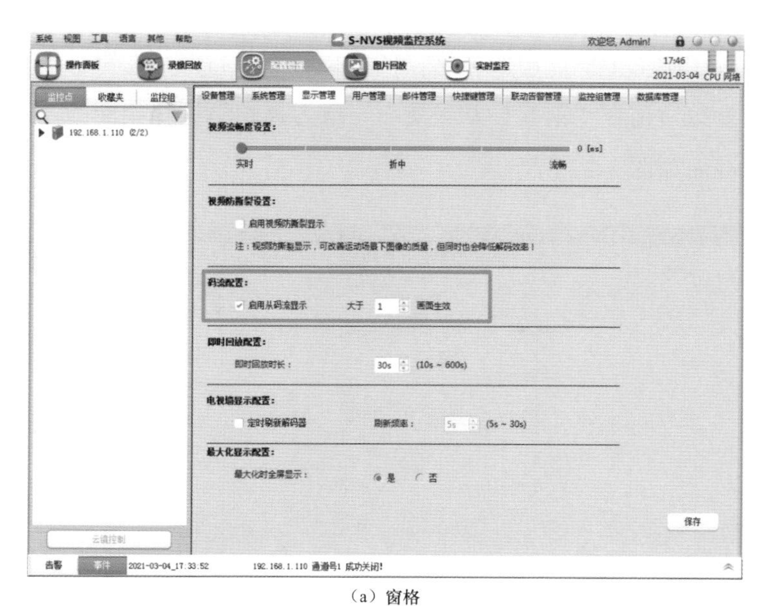

（a）窗格

（b）图像

图 3-23　画中画设置

三、矩阵式红外测温

（一）功能、原理和结构

1. 功能

非接触矩阵式红外测温仪（简称矩阵测温仪）是针对电缆线路接头处电气接

点温度实时监测的智能感知设备，测温仪从结构上可以分为电控机身和可以旋转的镜头两部分。通过蓝牙接口传送至数据终端，监控平台温度展示界面将不同的温度数据以颜色梯度显示出来，可以比较直观地找出设备的发热位置，从而对设备的运行状况进行评估，及时发现设备的故障隐患，保障电网的安全运行。

2. 原理

矩阵测温仪采用非接触式测温法，利用红外线来测量温度，基本外观如图 3-24 所示。它遵循黑体辐射的定理，感应物体的热辐射，并将热辐射的感应值转换成电信号，通过放大器处理后，经过标定与转换，形成数字信号，实时显示温度。矩阵测温相比单点测温而言，感应面积更大，可以测量出设备的最高温度、最低温度、平均温度及温度区间。可以全面了解设备的温度状态。采用非接触矩阵式红外测温技术，可以实现对 15°～60°视场范围内的目标物体进行温度测量，温度测量范围–50～300℃，可在不接触接头本体的情况下，实现对接头温度的精确测量。

图 3-24　矩阵测温仪外观

3. 结构

测温仪供电采用一次性电池，通信方式采用蓝牙和手持终端进行通信，与外界无电缆连接，安装时无须对被测设备进行任何结构改造，依靠测温仪自带的强力磁铁和橡胶吸盘吸附于设备壳体上即可，测温探头可以在 180°范围内自由旋转，便于将镜头对准被测目标。温度数据在本地可以存储 900 条记录，通过蓝牙接口传送至数据终端，也可以通过 3G 传送至监控平台，监控平台温度展示界面将不同的温度数据以颜色梯度表示出来，可以直观地找出设备的发热位置，从而对设备的运行状况进行评估，及时发现设备的故障隐患，保障电网的安全运行。

（二）参数及测温数值图

红外测温仪主要技术参数见表 3-2。

表 3-2　红外测温仪主要技术参数

技术参数名称	主要技术参数指标	备注
温度测量范围	–50～300℃	
温度测量误差	±2℃	
镜头分辨率	64（4×16）dot（矩阵）	
扫描视场	垂直 15°，水平 60°	
镜头水平旋转角度	不小于 180°（Step10°）	
相对湿度测量范围	0～100%	
相对湿度测量误差	±2%	
自动采集周期	1min～24h 可设（最小间隔 1min）	
数据存储空间	不少于 3 个月（每 3h 采集一次）	
数据传输方式	短距无线通信（蓝牙 4.0）	
蓝牙通信距离	不低于 10m（开放空间）	
数据显示方式	智能手机及 APP 管理软件	
电池电压	DC 7.2V（一次性电池）	
电池存储寿命	不少于 20 年	
工作寿命	电池更换周期不低于 8 年 （每 3h 采集一次） 镜头工作寿命不少于 15 年	
外形尺寸	机身：135.4mm×76mm×42mm 镜头：直径 42mm×78mm	
安装方式	强力磁铁+橡胶吸盘	
外壳防护等级	IP66	
外壳阻燃等级	UL94-5V 垂直燃烧	
外壳绝缘电阻	不小于 2MΩ	

矩阵测温仪典型测温数值如图 3-25 所示。

（三）常见问题及处理方法

常见问题为安装和连接使用问题：选择安装位置应满足设备的爬电距离要求，选择好安装位置后，打开红外测温仪底部盖板，将测温仪电源开关拨至“ON”位置，开关附近的开机指示灯亮数秒钟，表示红外测温仪已经开机，安装好底部盖板后将测温仪机身用力压在柜体上，排出橡胶吸盘内空气，机身固定完成后，再旋转镜头，使测温视场覆盖被测目标。此时可以打开手机 APP 应用软件，使用测温视场标定功能，将视场标定激光管打开，观察测试视场角度是否合适，如果不合适，调整红外测温仪安装位置和镜头角度，直至满足要求。

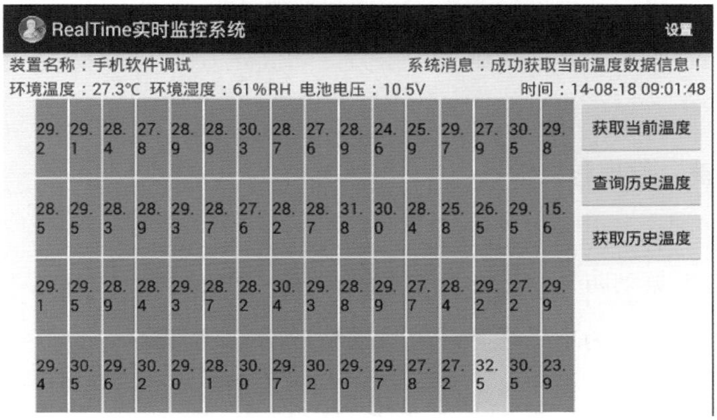

RealTime实时监控系统　设置

装置名称：手机软件调试　系统消息：成功获取当前温度数据信息！

环境温度：27.3℃　环境湿度：61%RH　电池电压：10.5V　时间：14-08-18 09:01:48

29.2	29.1	28.4	27.8	28.9	28.9	30.3	28.7	27.6	28.9	24.6	25.9	29.7	27.9	30.5	29.8
28.5	29.5	28.3	28.9	29.3	28.7	27.6	28.2	28.7	31.8	30.0	28.4	25.8	26.5	29.5	15.6
29.1	29.5	28.9	28.4	29.3	28.7	28.2	30.4	29.3	28.8	29.9	27.7	28.4	29.2	27.2	29.9
29.4	30.5	29.6	30.2	29.0	28.1	30.0	29.7	30.2	29.0	29.7	27.8	27.2	32.5	30.5	23.9

获取当前温度

查询历史温度

获取历史温度

图 3-25　矩阵测温仪典型测温数值

点击“查询历史温度”按钮，手机软件检索出红外测温历史数据，并以每秒 20 帧的速度播放温度云图。播放时，如发现某一时刻温度有异常色块，可点“停止”详细浏览，并可点“<”（后退）和“>”（前进）按钮查询趋势。

第二节　通　道　环　境

一、隧道防外力破坏

随着城市改造步伐的不断加快，35kV 及以上等级高压电缆得到更广泛的应用，电缆在城市电网中所占比重越来越大。近年来，城市建设迅速扩张，地铁、高架建设及河道整治等大型市政工程全面展开，电缆防外力破坏形势日趋严峻。传统预防电缆外力破坏依靠人工定期巡视，由于人工巡视属于被动防护，无法实时掌握电缆通道附近施工情况。同时，随着近年来电缆数量不断增加，管辖区域日益扩张，运行人员防外力破坏压力显著增加。

随着分布式光纤传感技术的快速发展，目前可通过光纤振动测量技术，实时测量电缆通道周围的振动情况，对所检测到的振动信号进行分类、识别，可减小误判率，明确引起振动的外部事件源，并根据光纤振动技术对振动源进行精确定位，对可能引起电缆故障的外力破坏苗头进行预警，有利于运维部门进行正确、合理的决策，最终大大减轻运维人员压力，降低外力破坏事件发生率，提高供电可靠性。

（一）功能、原理和结构

1. 功能

分布式光纤振动防外力破坏监测系统具备主要功能如下：

（1）可实现对电力电缆运行环境振动情况的实时监测。

（2）系统可实现对电力电缆外力破坏行为的实时监测、定位和报警。

（3）可以实现无人值守的安全监控，可通过远程桌面显示以及短信报警的方式对项目目标进行监测。

2. 原理

分布式光纤振动防外力破坏监测系统的感应部件为传感光缆，通过对其触碰、挤压和振动的快速感应可以对其触发行为进行监测。传感光缆能够保证正常使用而不受外界气候和恶劣环境的影响。当光信号输送进光纤时，系统应用软件探测器会处理接收到的光信号的相位，当传感光缆受到触碰或振动的干扰时，光信号的传输模式就会发生变化。

光纤中传输的光正常状态及受干扰状态传播方式的图形比较如图 3-26 所示。

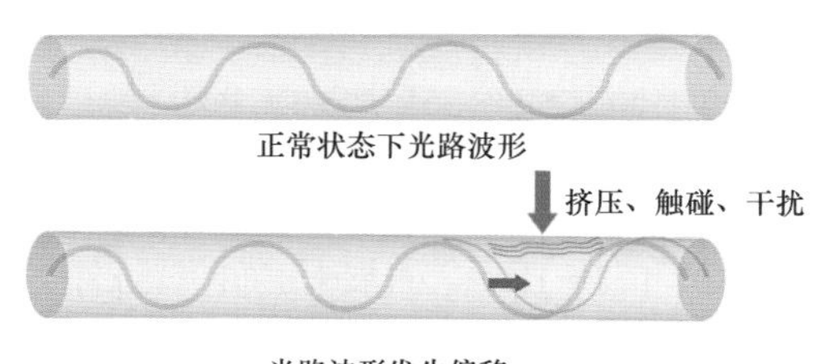

图 3-26　光正常状态及受干扰状态传播方式的图形

光纤在受到外来触碰、振动或挤压会导致形态干扰而产生光信号相位的改变。系统应用软件接收器对相位改变进行探测，可探测干扰的强度和类型，并对探测到的信号进行处理，判别干扰是否符合触发“事件”的条件，并对干扰对象准确定位，从而对可能造成电缆偷盗行为进行提前预警。

分布式光纤振动防外力破坏监测系统采用了当今先进的光电技术、通信技术、微处理器技术、数字化振动传感技术和独创设计的低温、强电场、潮湿环境运行技术。它能实时监测电缆线路概况，能及早发现电缆环境概况，防止不法分子的偷盗行为。同时还可提供大量智能感知数据，为运营人员全面了解电缆环境运行情况提供可靠依据。

3. 结构

主要结构一般由分布式光纤振动防外力破坏监测系统、温度振动感测光缆及其他系统应用软件等组成，如图 3-27 所示。

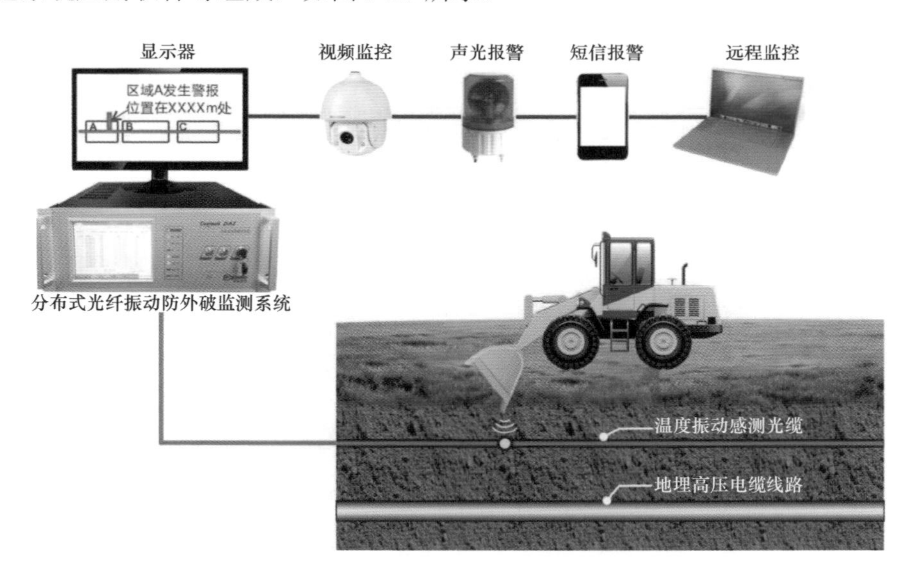

图 3-27　分布式光纤振动防外力破坏监测系统

（二）参数

分布式光纤振动主机的特点是区别于传统的点式测量的分布式测量，在光缆敷设的范围内无测量盲点，测量距离长，适于远程监控，测量周期短，响应快速，灵敏度高，测量精度高，误报率、漏报率低等，十分适合于电缆的温度探测和火灾监测。

分布式光纤振动主机是监测电缆防外力破坏的主体，它担负着整个系统的信号采集、信号处理、数据分析、网络传输等功能。它由光频发生器、切换电源、微处理器、网络接口等构成，是进行光电转换及信息处理的核心器件。分布式光纤振动主机主要技术参数见表 3-3。

表 3-3　　分布式光纤振动主机主要技术参数

技术参数名称	主要技术参数指标	备注
测量通道	单通道	
测量距离	15km（或 40km 可选）	
取样间隔	1m	
定位精度	±5m	
告警判断	断点&振动&触缆	
占用光缆芯数	1	
光纤类型	9/125μm，G652D 单模	
光纤接口	FC/APC	
串行接口	RS232/485	
USB 接口	≥2 个	
通信端口	TCP/IP 接口 10/100M 以太网口	
主机寿命	大于 20 年，非工控机，独立运行	
操作系统	Windows 7 以上中文版	
测量分区	≥128 个	
激光源工作寿命	≥20 年	
激光源安全级别	达到 IEC/EN 60825-1 Class 1M	
静电放电抗扰度	符合 GB/T 17626.2《电磁兼容　试验和测量技术　静电放电抗扰度试验》规定 3 级及以上	
射频电磁场辐射抗扰度	符合 GB/T 17626.3《电磁兼容　试验和测量技术　射频电磁场辐射抗扰度试验》规定 3 级及以上	
电快速瞬变脉冲群抗扰度	符合 GB/T 17626.4《电磁兼容　试验和测量技术　电快速瞬变脉冲群抗扰度试验》规定 3 级及以上	

续表

技术参数名称	主要技术参数指标	备注
浪涌（冲击）抗扰度	符合 GB/T 17626.5《电磁兼容　试验和测量技术　浪涌（冲击）抗扰度试验》规定 3 级及以上	
工频磁场抗扰度	符合 GB/T 17626.8《电磁兼容　试验和测量技术　工频磁场抗扰度试验》规定 5 级标准	
电压暂降、短时中断和电压变化抗扰度	符合 GB/T 17626.11《电磁兼容　试验和测量技术　电压暂降、短时中断和电压变化的抗扰度试验》规定电压突变 70%持续时间 1000ms/3 次及短时中断 0%持续时间 100ms/3 次正常工作	
阻尼振荡波抗扰度	符合 GB/T 17626.12《电磁兼容　试验和测量技术　第 12 部分：振铃波抗扰度试验》规定 3 级及以上	
各回路对地间绝缘电阻	≥20MΩ	
各回路对地间介质强度	额定绝缘电压大于 60V 能承受 2.0kV 工频电压或额定绝缘电压不大于 60V 能承受 0.5kV 工频电压，历时 1min，且无击穿、闪络及元器件损坏现象	
各回路对地间冲击电压	额定绝缘电压大于 60V 应能承受 1.2/50μs、开路电压为 5kV 的标准雷电波的短时冲击或额定绝缘电压不大于 60V 能承受 1.2/50μs、开路电压为 1kV 的标准雷电波的短时冲击试验，允许闪络，但不应出现绝缘击穿或损坏现象	
振动耐久性	符合 GB/T 15153.2《远动设备及系统　第 2 部分：工作条件　第 2 篇　环境条件（气候、机械和其他非电影响因素）》规定的 Cm 级	
电源	AC 220（1±10%）V	
工作温度	0～40℃	
贮存温度	−10～60℃	
工作湿度	0%～95%无凝结	
最大工作海拔	4000m	

（三）常见问题及处理方法

1. 温度振动感测光缆接续

（1）接续前应核对温度振动感测光缆端别、光纤的排序、光纤的折射率等是否符合设计文件和订货合同规定的技术要求，并逐根检测光纤有否障碍。

（2）光纤接续通常采用熔接法。熔接机在使用前，认真地对关键部件和部位进行清洁，以免损伤或弄脏光纤，影响光纤接续质量。并根据光纤的特性及环境温、湿度情况将熔接机调至最佳状态。

（3）操作人员，应严格按照光纤接续操作规程进行光纤接续，严格遵守设计和同管同纤相接的规定，严禁错接，确保光纤接续质量符合设计要求。

（4）光纤接续完成后，用 OTDR 进行 1550nm 或 1310nm 波长的双向损耗测试，每一个光纤接头取其算术平均值定为此接头的损耗值。

（5）光纤用热缩管保护后，余纤按“8”字形或“O”字形盘绕在容纤盘上，盘绕曲率半径应大于厂家规定。盘纤要圆滑、自然，不得有扭绞受压现象。

2. 温度振动感测光缆中继段测试

光缆中继段测试应在中继段两端局（站）机房的光纤配线架 ODF 间进行，测试项目按设计规定。一般情况下光纤特性测试的内容包括：光纤线路衰减、光纤接头损耗、光纤后向散射信号曲线、链路偏振模色散（PMD）等。各项测试结果应符合设计规定的指标要求，其中：

（1）中继段光纤线路衰减不大于 0.26dB/km（1550nm 波长，2km 盘长）。

（2）中继段内单纤接头平均损耗不大于 0.08dB/个。

（3）逐纤进行测试后，缆内所有光纤后向散射信号曲线平滑无大台阶。中继段偏振模色散不大于 0.125ps/km。

3. 温度振动感测光缆接头盒的安装

温度振动感测光缆接头盒安装在管道人（手）孔内。温度振动感测光缆接头盒的封装按工艺要求进行，接头盒内应放入接续责任卡和袋装防潮剂。接续责任卡的格式和填写内容应根据建设单位要求制作，一般可参照表 3-4 制作。

表 3-4　　接续责任卡

光缆接续责任卡片		
施工日期		年　月　日　时　至　时
气象条件		天气：气温：℃
施工单位		
接续人	光纤	
	护套	
记事：		

温度振动感测光缆接头盒固定在人（手）孔壁或电缆托架上，安装在常年积水水位以上和便于维护的位置。温度振动感测光缆接头盒A方向应挂一块按建设单位要求制作的光缆标识牌。预留和接续后的剩余光缆应整齐盘圈，固定在设计规定的人（手）孔壁或电缆托架上。余缆盘圈的直径应大于60cm。

4. 温度振动感测光缆与主机连接调试

首先利用测量仪光时域反射仪（OTDR）对敷设好的光缆进行监测判断中间是否有断裂处。焊接完成后将焊点进行热缩保护，并将所熔接的六个点盘绕到光缆接续盒内将接续盒固定在机柜内。分别将六通道转接线头上做上号码管可易识别。连接结束后对整个电缆及电缆隧道分布式光纤测温监测系统进行开机调试，看每个通道是否正常上传温度数据及光信号的质量。若无问题可根据实际现场情况进行测温分区。检查整个安装系统有无漏洞，如果没有漏洞问题将进行整体的试运行。

5. 数据上传

根据分布式光纤振动防外力破坏监测系统的整体构架，安装在变电站站级监测机柜内的分布式光纤振动主机与电缆网运行监控中心之间，以现有的市调通信网或综合数据网以TCP/IP以太网接口的通信方式采用数据交互传输，该传输应符合变电站数据传输IEC 61850通信规约要求，考虑到多路视频及综合监测预警数据有效交互和执行，网络通信带宽不低于2M。

二、通风亭防外力破坏

电缆及其附属设施防外力破坏形势日趋严峻。人工定期巡视费时费力，无法实时掌握电缆通道附近施工情况。因此通过通风亭百叶窗加装百叶窗防破坏监测装置，可替代人工24h智能感知可能的振动。

（一）功能、原理和结构

1. 功能

通风亭百叶窗加装百叶窗防破坏监测装置，可实现对通风亭的百叶窗远程监控。当有百叶窗遭到恶意破坏时（钝器冲击、切割震动等），在指挥中心发起告警，提示值班人员第一时间作出反应。

系统通过安装在电缆通道内的远程状态监测控制单元可以实现对电缆通道内风机、水泵、防火门及照明设备运行状态连续不间断远程监测及远程控制启闭，控制方式应支持自动联动控制与远程手动控制模式。

2. 原理

百叶窗防破坏监测装置主要包含百叶窗防破坏采集器及百叶窗防破坏传感器，将百叶窗防破坏传感器紧密安装于电缆的适当位置，整个系统网络具备统一的时间基准，运行监控中心综合数据智能监测管理平台掌握所有百叶窗防破坏监测装置监测点的地理坐标数据。

当本区段电缆发生破坏、盗割行为或某一机械施工行为引起的振动，能够被基于整个电缆通道中安装的多个百叶窗防破坏传感器监测点以 X、Y、Z 三个方向分别进行测量（X 为水平方向平行于隧道走向；Y 为水平方向与隧道走向呈 90°角；Z 为垂直于水平面的方向），运行监控中心综合数据智能监测管理平台与电缆通道内安装的多个百叶窗防破坏监测装置监测点协同工作，利用多个百叶窗防破坏传感器监测点测知的三维振动加速度数据，可以较准确地计算出振动源的方位并报警。为提高测量和报送的准确率，百叶窗防破坏监测装置还可以配备应急通信人员定位终端，有针对性地录取与上传现场音源，作为判别报警的辅助手段。

3. 结构

基于 Real-Time 智能实时监控平台为基础和核心，由多状态综合监控主机、通信供电铠装电缆、通风亭采集器及传感器构成隧道通风亭在线监控应用系统，结构图如图 3-28 所示。

目前隧道通风亭在线监控应用系统在某重点电力隧道段已经安装 100 余套。通风亭监控装置现场安装位置示意图和通风亭远程控制单元图如图 3-29 和图 3-30 所示。

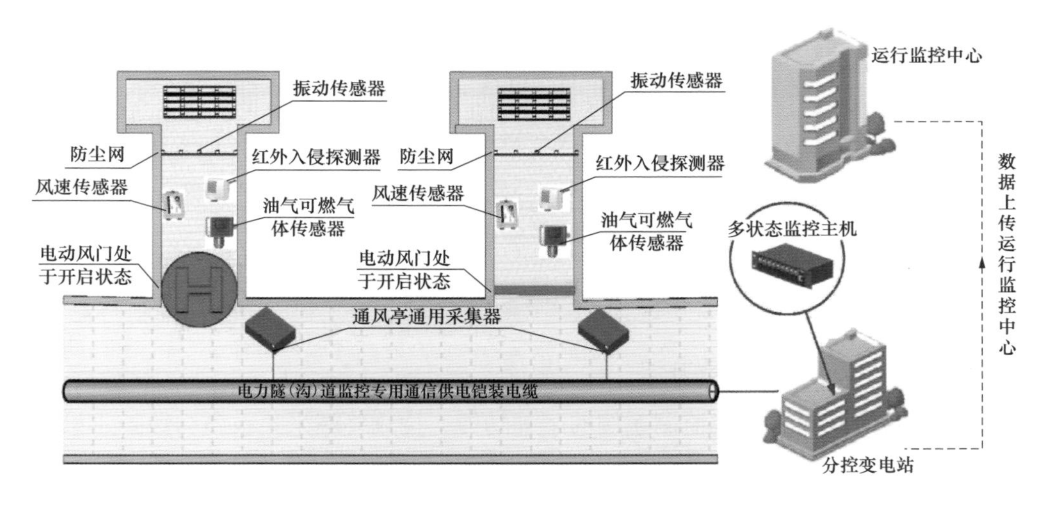

图 3-28　隧道通风亭在线监控应用系统结构图

（a）通风亭外观

（b）通风亭内部

图 3-29　通风亭监控装置现场安装位置示意图

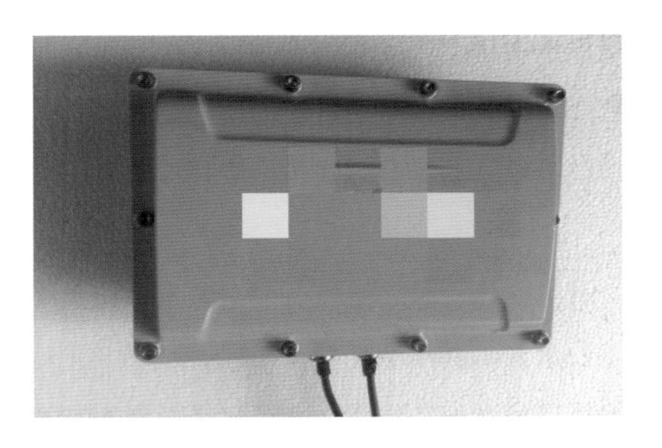

图 3-30　通风亭远程控制单元图

（二）参数

监测参数及测量范围见表 3-5。

表 3-5　　通风亭智能感知参数

参数名称	单位	含义	测量范围
振动		基于磁敏感原理设计，是分析微/强振动，加强失效分析的理想信号源	输出与平均振动位移相对应的 4～20mA 信号
风速	m/s		0～3
红外入侵感应距离	m	感应距离	3
油气可燃气体浓度	LEL/ppm	油气可燃气体	0～100%/0～0.1%

注　LEL 表示爆炸下限浓度百分比；ppm 表示总体积占比。

（三）常见问题及处理方法

每月检查和试验环境监测系统的下列功能：检查终端采集设备与监控主机通信是否正常；检查采集数据上报是否正确及数据状态的分析是否正常。

三、隧道机器人

为了进一步提高电力隧道的防灾减灾能力，实现隧道内现场的全面实时监控，保障高压电缆网的安全运行，目前已经在部分隧道内布置了智能巡检机器人，以现代技术手段实现对重点隧道的不间断巡检，取代人工巡检；同时，还可以逐步实现对电力隧道内突发性事件的现场处理，在第一时间采取最有效的处理措施。

（一）功能、原理和结构

1. 功能

（1）自动巡航功能：通过无线射频识别 RFID 定位，在轨道上自动执行巡航任务；至设定地点以图像方式记录电缆隧道内情况。

（2）手动派令功能：以手动派令方式由中央控制系统通知智能巡检机器人至特定地点执行任务。

（3）环境监测：有害气体含量、空气含氧量监测；温度、湿度监测。

（4）惯性陀螺仪：具备沉降检测功能。

（5）多机协作功能：可在电缆隧道中部署多个轨道车，相互协作完成巡检作业任务；多个轨道车互为冗余，可自动协调作业。

（6）红外热成像：用于探测电缆及附件的温度，用于火灾发生时火源中心的定位。

（7）灭火：搭载灭火系统，火情发生时，可通过系统联动或遥控实现位置和高度可控的精确灭火。

（8）安全防护功能：行走时智能巡检机器人发出声光警示，以警示人员回避。

（9）防入侵人像识别。

（10）前方异物检知雷达发现有碰撞可能，设备将发出警报并紧急停车，直至障碍排除。

2. 原理

通过智能巡检机器人在重点隧道内进行不间断巡检，取代人工巡检，最终实现对电力隧道内突发性事件第一时间发现并进行现场处理。智能巡检机器人可实现现场监测手段，包括：基于360°全方位防抖动视频监控，行进中的有害气体（如CH_4、CO、H_2S）及空气含氧量的监测，行进中的温度/湿度探测，同时具备避障、广播、对讲等功能，当灾情发生时，机器人可以指挥本区及邻近区域的施工人员疏散撤离。

3. 结构

机器人供电系统由磷酸铁锂电池或三元锂和电池管理系统（battery management system，BMS）构成，磷酸铁锂电池或三元锂具有更高的安全性、更长的使用寿命、耐高温、支持快速充电、大容量、无记忆效应等优点，配合完美的BMS实时监控电池的状态，管理电池的充放电，提高电池的使用效率，防止电池出现过冲和过放，延长电池的使用寿命，为机器人提供可靠的能量支持。

系统上电，产品开始自检，各设备依次上电，若不能通过自检，则产品将不能工作运行。系统网络架构如图3-31所示。

监控中心通过电力专用内部调通网络，从变电站敷设光纤进入电力隧道，在隧道内部每隔300～400m设置一个节点“环网交换机”，节点间敷设光纤熔接后形成工业环网，在每个节点上安装无线基站设备，使用漏波电缆或板状天线作为信号覆盖装置，实现隧道无线信号覆盖。巡检机器人上安装无线接入设备，实现与监控中心的实时通信，克服了室外常规信号基站到隧道内无法正常通信等弊病。

主干传输网络采用光纤环网冗余架构，环网式光纤收发器采用光以太网技术，可以实现环形和链形组网方式，其传输带宽为双向100M，每个节点均对外提供

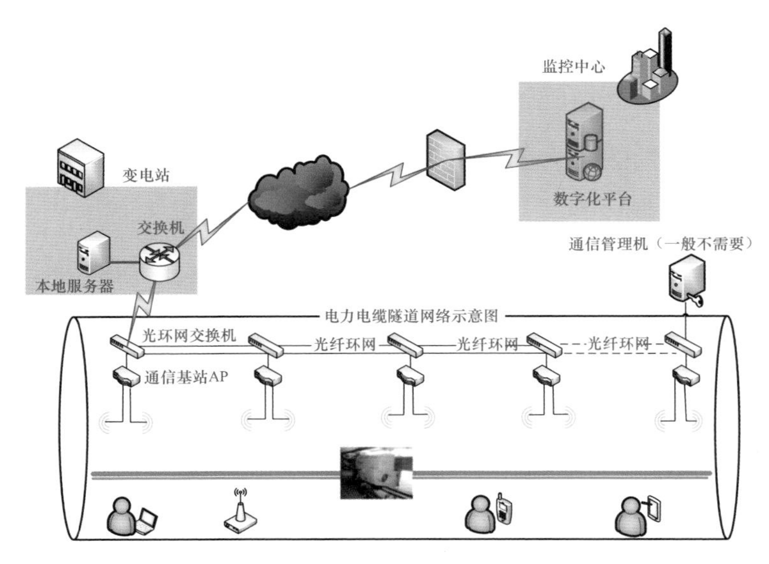

图 3-31　系统网络架构

四个 100/10M 自适应以太网接口。由于环网式光纤收发器采用光纤传输，避免了因不同节点地电位差别和外界恶劣环境，如工业环境下的强电场和强磁场引起的干扰，而完成高可靠的数据传输。该系统具备快速可靠的自恢复能力，网管可以实时监测整个系统，可定位通信故障位置。这样整个网络系统的安全可靠性得到保证，网络维护也非常方便。

采用无线数据网络传输技术，在隧道内实现无线网络的无缝隙覆盖。利用光纤通信局域环网，每 300～400m 设置一台无线发射终端，无线基站设备采用双模结构或单模加信号功放器，两个天线接头分别连接漏波电缆或板状天线，实现整个隧道内无线信号的无缝隙覆盖。

漏波电缆用于射频信号很难覆盖的环境。因为漏波电缆的设计特点，它能够围绕着电缆的指定区域辐射一个规则的信号区。这种功能可以保证在无线客户端和无线接入点之间建立一个稳定可靠的通信链路，并且能够提供确定的数据循环访问，这种漏波电缆设计用于 2.4GHz 或 5GHz 频段。漏波电缆灵活简易的安装以及整个系统模块化的设计可以满足许多应用场合的需要。这种漏波电缆能够完美用于电力隧道单轨悬挂轨道系统。

系统作业流程如图 3-32 所示。

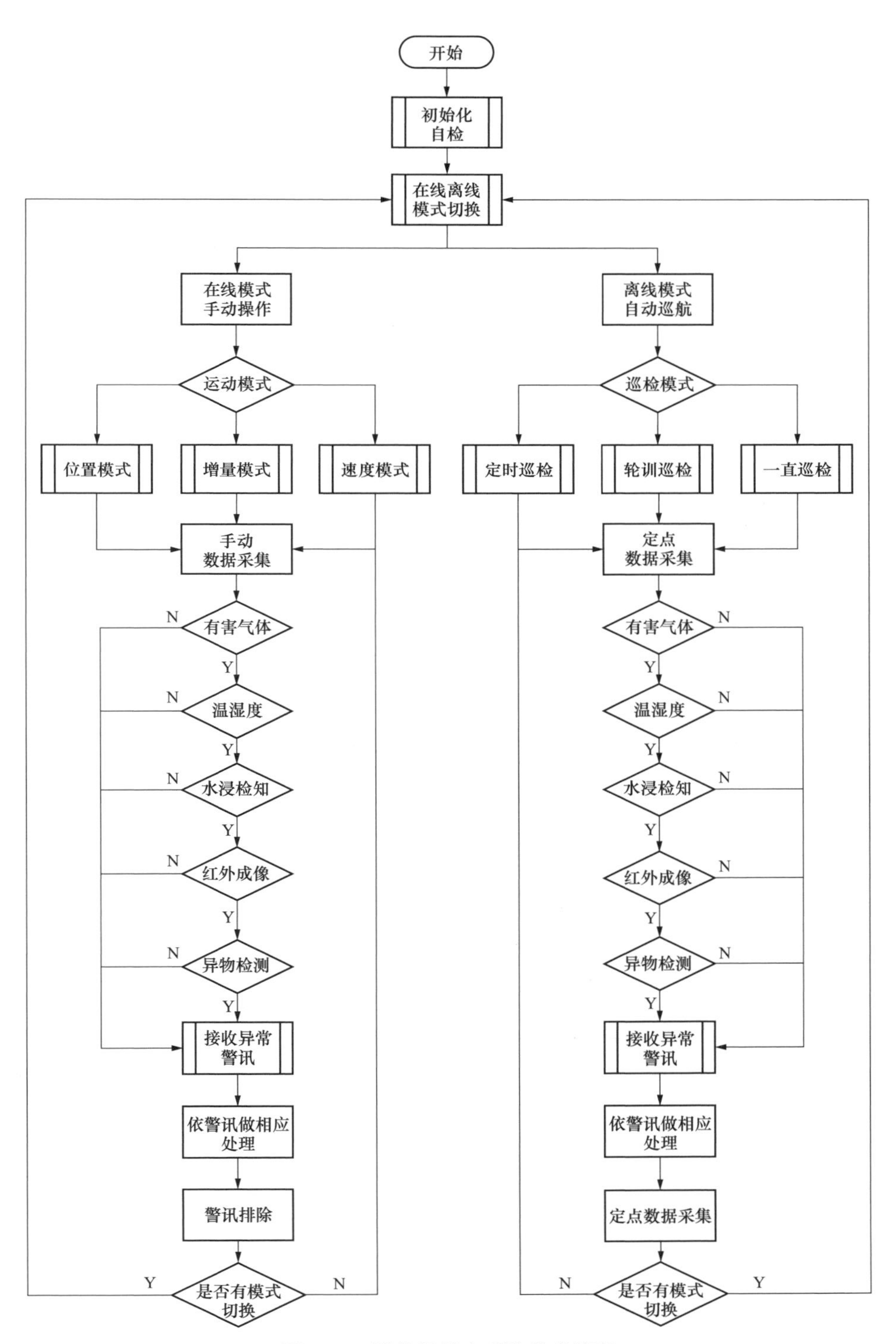

图 3-32　巡检机器人系统作业流程

（二）参数及曲线图

智能巡检机器人是系统的核心，它主要由如图 3-33 所示的子系统组成，依托以上子系统完成各项隧道巡检任务。

图 3-33　智能巡检机器人子系统

智能巡检机器人系统红外测温软件平台历史曲线如图 3-34 所示。

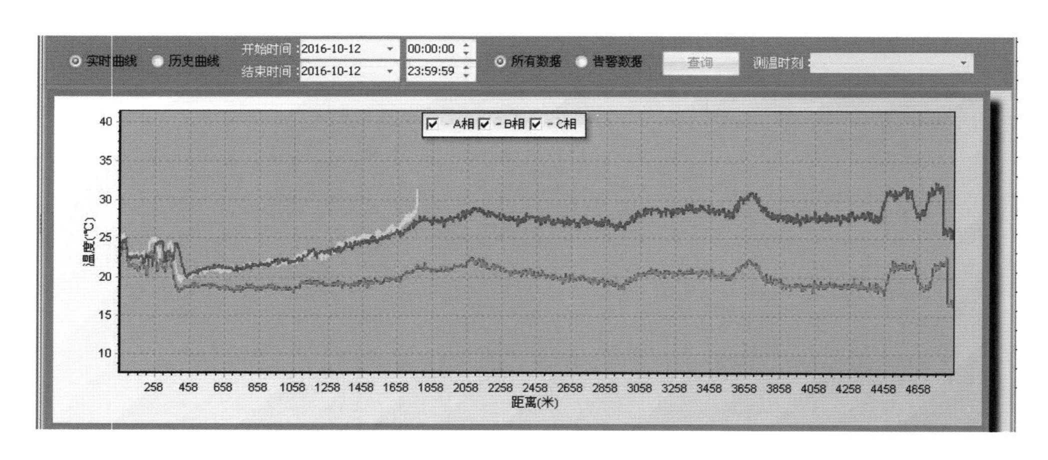

图 3-34　红外测温软件平台历史曲线展示界面

在一台工作站的显示器上能实时同时显示红外以及可见光图像（并且不改变图像的原始分辨率）。同时，用户也可以通过同一台工作站，在两台显示器上对多台红外热像位与可见光摄像机的全分辨率图像进行实时显示、操作与温度数据分析，即在一台显示器上显示上述监控画面，同时在另一台显示器上分析指定的图像与温度数据，并与现有的变电站视频监控系统融合，集中存储记录，显示界面截图如图 3-35 所示。

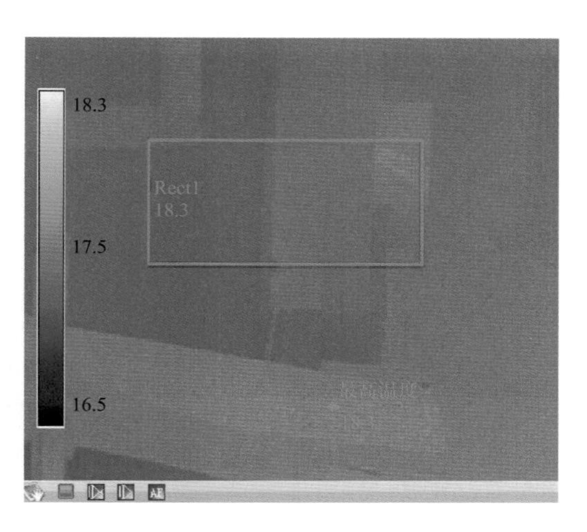

图 3-35　智能巡检机器人系统双光谱同屏显示界面截图

环境信息采集：电缆隧道内因通风条件差、温度高、易积水等容易出现有害气体含量超标的情况，对人身和设备产生安全隐患。智能巡检机器人自身携带的环境监测模块，具备监测电缆隧道中 O_2、H_2S、CO、CH_4、温度、湿度、烟雾等环境信息。智能巡检机器人实时采集的环境信息及时传输到监控中心，为操控人员提供现场环境信息，形成如图 3-36 所示的环境采集信息软件平台显示界面，以利于操控人员的决策。

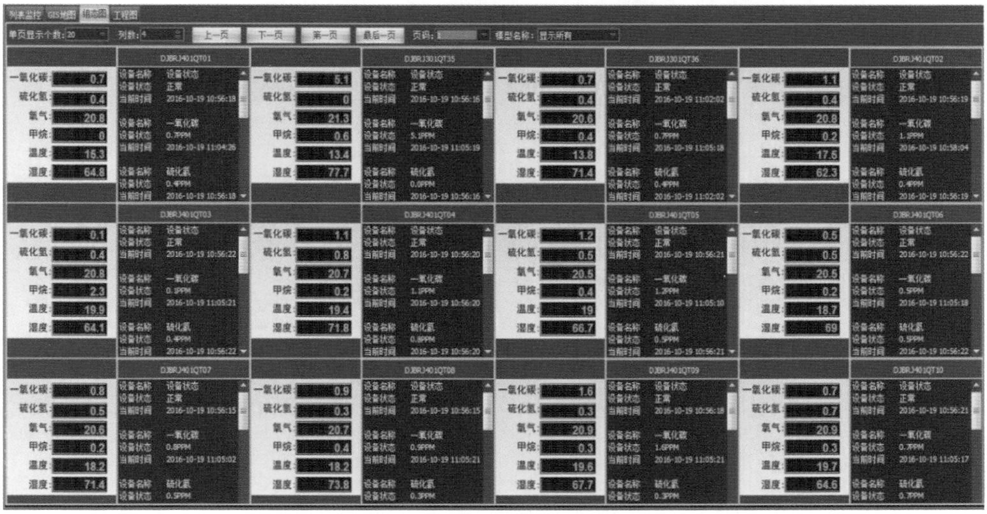

图 3-36　环境采集信息软件平台显示界面

在智能巡检机器人系统运行一定周期后，根据项目历史数据积累，可实现人

图 3-37　3D 成像效果图

工建立 3D 模拟场景，成像效果图如图 3-37 所示。

（三）常见问题及处理方法

模块异常条件下，初始化过程会显示故障模块的名称（如图 3-38 所示刹车），机器人停止自检直到恢复正常。

1. 故障信息查询区域

系统信息的中间界面显示最新故障信息，右侧界面支持历史故障查询。故障信息由三部分组成：故障标志（此故障是否有效）、故障时间（发生故障的日期时间）、故障代码（代码解释参考故障代码表）。

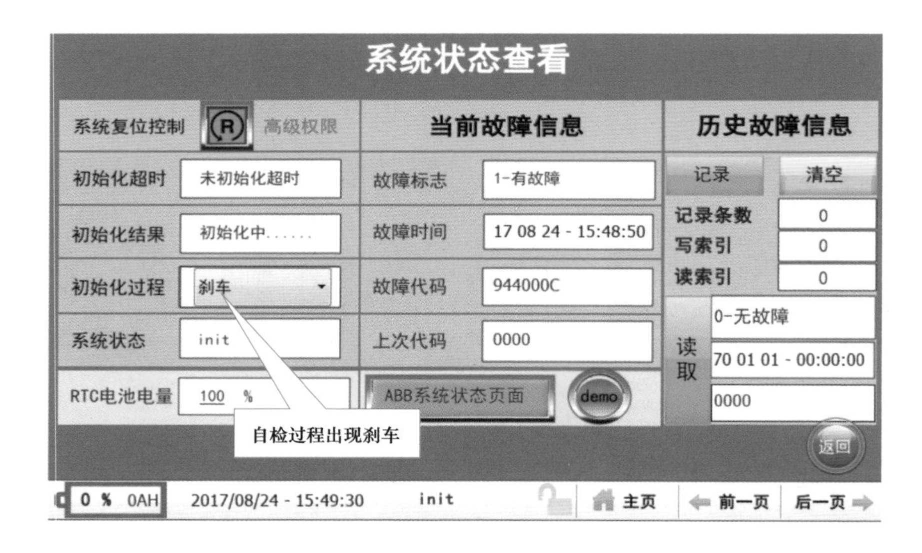

图 3-38　系统界面

故障信息支持历史查询和清空功能，在【读索引】右侧的数据栏里输入故障序号，点击下方的读取菜单 读取，对应的故障信息会出现右侧的显示栏里。假如想清空历史故障记录，请点击清空菜单 清空 ，系统弹出确认对话框后点击【删除数据】可以清空所有历史数据；点击【Quit】退出清空历史故障进程。

2. 网络通信查询和 PLC 数据保存

如需查询网络通信状态和 PLC 数据保存，点击 ABB系统状态页面 ，进入下一级子界面，如图 3-39 所示。

图 3-39　系统子界面

界面的左侧显示 LCD 触摸屏的配置信息，在底部的【设置监测 IP（AP)】右侧的 IP 地址栏里输入机器人局域网内的设备 IP 地址，点击 SET 可以查询 PLC 与目标设备网络是否正常，方便调试。备注：在非 Real-Time 平台统一调度机器人模式下且机器人配置了维修点位置，如果 PLC 与目标设备网络中断，机器人将自动回到维修点进行待命。

界面的左侧显示了机器人的软件版本和出厂编号，方便技术人员查询。

界面的右侧上部显示机器人 PLC 的网络信息；下部是 PLC 数据恢复操作界面，操作步骤如下：

（1）点击 PS->SD 将 PLC 中的数据复制到 SD 卡中。

（2）点击 CLEAR 将 PLC 中的数据清空。

（3）点击 SD->PS 将 SD 卡中备份的数据复制到 PLC 中。

机器人配置的参数，如运行轨道、电池、防火门等保存在 USERDATA\PM590ETH\RETDAT 目录中的文件里，如图 3-40 所示。

« 崔工 ▸ 机器人PLC程序 ▸ 视频机器人PLC程序 ▸ USERDATA ▸ PM590ETH ▸ RETDAT　　搜索 RETDAT

包含到库中 ▾　共享 ▾　新建文件夹

名称	修改日期	类型	大小
PERSIST0.BIN	2017/7/25 20:28	BIN 文件	65 KB
PERSIST1.BIN	2017/7/25 20:28	BIN 文件	65 KB
PERSIST2.BIN	2017/7/25 20:28	BIN 文件	1 KB
PERSIST3.BIN	2017/7/25 20:28	BIN 文件	1 KB
PERSIST4.BIN	2017/7/25 20:28	BIN 文件	1 KB
PERSIST5.BIN	2017/7/25 20:28	BIN 文件	1 KB
PERSIST6.BIN	2017/7/25 20:28	BIN 文件	1 KB
PERSIST7.BIN	2017/7/25 20:28	BIN 文件	1 KB

图 3-40　目录界面

目的：防止实时时钟 RTC 电池馈电而导致 PLC 数据丢失，建议工程现场调试好机器后，执行 PS->SD 操作保存数据，若真的出现异常（如 PLC 损坏）丢失数据，只需要更换 PLC 重新执行 SD->PS 后导入配置数据。

注意：操作此步骤前请先沟通技术人员，保证机器人锂电池电量，防止操作过程中断电。

I/O 控制调试面板如图 3-41 所示。

轻型轨道机器人 I/O 调试　　测试使能

控制项目	控制反馈	备注	控制项目	控制反馈	备注	控制项目	控制反馈	备注	控制项目	控制反馈	备注
电机上电	电机PW	Q0.0 I0.0	后大灯	后车灯	Q1.0 I1.0	前雷达1	FRD1	Q2.0 I2.0	倒车雷达	DCL	Q3.0 I3.0
电机辅助	备用	Q0.1 I0.1	摄像机	摄像头	Q1.1 I1.1	前雷达2	FRD2	Q2.1 I2.1	红外测温	HWCT	Q3.1 I3.1
电机刹车	刹车	Q0.2 I0.2	备用	备用	Q1.2 I1.2	前雷达3	FRD3	Q2.2 I2.2	急停开关	ESS	Q3.2 I3.2
WIFI电源	WIFI	Q0.3 I0.3	警示灯	警示灯	Q1.3 I1.3	前雷达4	FRD4	Q2.3 I2.3	激光瞄准	RLM	Q3.3 I3.3
点位模块	RFID	Q0.4 I0.4	推杆正转	上升	Q1.4 I1.4	后雷达1	BRD1	Q2.4 I2.4	前点火装	FLF	Q3.4 I3.4
雷达电源	雷达PW	Q0.5 I0.5	推杆反转	下降	Q1.5 I1.5	后雷达2	BRD2	Q2.5 I2.5	后点火装	BLF	Q3.5 I3.5
音频设备	音频PW	Q0.6 I0.6	感温报警	备用	Q1.6 I1.6	后雷达3	BRD3	Q2.6 I2.6	感温感烟	TYD	Q3.6 I3.6
前大灯	前车灯	Q0.7 I0.7	感烟报警	备用	Q1.7 I1.7	后雷达4	BRD4	Q2.7 I2.7	远近光	远近光	Q3.7 I3.7

78%　7AH　2017/08/24 - 13:28:50　online　主页　前一页　后一页

图 3-41　I/O 控制调试面板

此界面共 32 个控制反馈键，巡检机器人使用其中的 23 个，可以控制机器人主要设备上电和状态反馈。控制键上的红色指示灯常亮 警示灯 表示该设备上电正常工作；绿色指示灯常亮警示灯表示该设备断电。

巡检机器人相关控制键释义见表 3-6。

表 3-6　　巡检机器人相关控制键释义

序号	设备名称	功能	默认状态
1	电机上电	控制驱动电机上电或断电	上电
2	电机辅助		断电
3	电机刹车	控制刹车器上电或断电：机器人停止时，刹车器断电；机器人运动时，刹车器上电	断电
4	Wi-Fi 电源	控制 WLAN 设备上电或断电（禁止断电，否则网络瘫痪）	上电
5	点位模块	控制条形码扫描仪和 RFID 读卡器上电或断电（断电后不能准确定位）	上电
6	雷达电源	控制前后雷达上电或断电（断电后机器人不能运动）	上电
7	音频设备	控制广播和监听设备上电和断电，实现对讲功能	断电
8	前大灯	打开或关闭机器人前方大灯照明，默认近光灯	断电
9	后大灯	打开或关闭机器人后方大灯照明，默认近光灯	断电
10	摄像机	控制成像总成设备上电或断电，包括视频摄像机、热成像、激光测距仪、云台等设备	断电
11	警示灯	控制警示灯上电或断电（一般不关闭）	上电
12	推杆正转	显示推杆的位置，红色灯常亮表示推杆抬起，机器人正在充电，此时禁止移动机器人，否则撞坏充电装置，绿色灯常亮方可移动机器人	绿色灯常亮
13	推杆反转	显示推杆的位置，绿色灯常亮表示推杆抬起，机器人正在充电，此时禁止移动机器人，否则撞坏充电装置，红色灯常亮方可移动机器人	红色灯常亮
14	前雷达 1	前方备用刹车雷达，前进时此雷达监测到障碍物时，机器人紧急刹车	绿色灯常亮（雷达屏蔽时控制键出现阴影）
15	前雷达 2	前方减速雷达，前进时此雷达监测到障碍物时，机器人降低速度	
16	前雷达 3	前方主要刹车雷达，前进时此雷达监测到障碍物时，机器人紧急刹车	
17	前雷达 4	前方雷达状态显示，红色灯常亮表示雷达故障	
18	后雷达 1	后方备用刹车雷达，后退时此雷达监测到障碍物时，机器人紧急刹车	绿色灯常亮（雷达屏蔽时控制键出现阴影）
19	后雷达 2	后方减速雷达，后退时此雷达监测到障碍物时，机器人降低速度	
20	后雷达 3	后方主要刹车雷达，后退时此雷达监测到障碍物时，机器人紧急刹车	
21	后雷达 4	后方雷达状态显示，红色灯常亮表示雷达故障	

续表

序号	设备名称	功能	默认状态
22	急停开关	表示急停开关的状态，绿色灯常亮表示急停开关按下，机器人紧急停止	红色灯常亮
23	远近光	控制前大灯和后大灯远近光切换，红色灯表示远光	绿色灯常亮

第三节　边缘物联智能感知代理终端

一、基本原理

边缘计算是指在网络边缘执行计算的一种新型计算模型，边缘计算操作的对象包括来自云服务的下行数据和来自万物互联服务的上行数据，而边缘计算的边缘是指从数据源到云计算中心路径之间的任意计算和网络资源。

靠近物或数据源头的一侧，采用网络、计算、存储、应用核心能力为一体的开放平台，就近提供最近端服务。边缘计算即计算不放在统一后台，而是在前端的边缘计算节点完成。

边缘计算采用基于容器技术的高压电缆及通道物联网边缘计算框架。选择适用于高压电缆线路典型应用场景下边缘计算体系进行研究，建立高压电缆专业边缘计算架构，按照“云-管-边-端”的运行模式，针对边缘侧就近处理，通过边缘计算软件，采用算法容器化隔离运行方式，使系统具有运行速度快，不受其他业务影响的优势。基于容器技术的高压电缆及通道边缘物联代理远程部署策略，实现边缘计算 APP 及容器的远程部署与管理。

目前试点的部分边缘计算装置已采用分布式多点无外接电源下电缆物联网数据无线组网技术。由于电缆排管、沟槽等地下密闭狭窄通道型式，分布式、多接入点高压电缆及通道状态、环境感知数据，在无外接电源的情况下，采用低功耗、抗干扰、低成本的数据传输技术和通信自组网方式，实现不同类型感知数据汇聚和接入节点的标准化，形成规范、快速、可靠的电力物联网数据无线传感网络。

除基本电缆运行参数测量外，基于人工智能和大数据分析的高压电缆通道边缘自治技术研究目前在电缆运维中也逐步开始运用。根据高压电缆通道缺陷、隐患的图像，采用AI识别技术，同时基于大数据分析技术，建立设备、人员缺陷隐患和违章作业典型图像数据库，可以实现各类缺陷隐患和风险的主动识别，实时评估危害等级，主动联动隧道内智能灭火装置、通风装置、排水装置，及时发现各类缺陷隐患、实时判别危害等级并具备对于火灾、高温、积水、外力破坏和违章作业的实时处置能力，形成一套基于人工智能和大数据分析的高压电缆通道边缘自治技术。

二、架构和应用情况

应用于高压电缆专业的边缘计算模型，分为设备基础信息、致热模型、绝缘老化模型、绝缘劣化模型、机械损伤模型、接地系统评估模型、接地箱评估模型和故障定位模型8个主要类别。总体架构设计如图3-42所示。

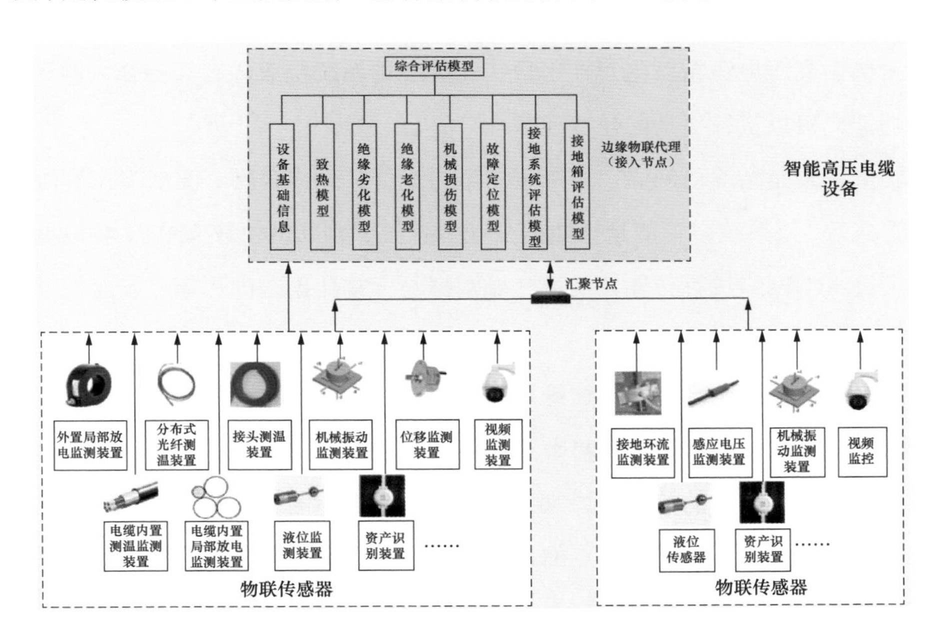

图3-42　总体架构设计图

研制边缘物联代理终端设备，从方案设计到功能实现，均查阅资料构建适用于高压电缆隧道的边缘计算模型。边缘计算模型如图3-43所示。

边缘计算功能结构按照“云-管-边-端”模式进行，整个系统分为云侧、管侧、边缘侧和终端侧，下面简述各自的作用。

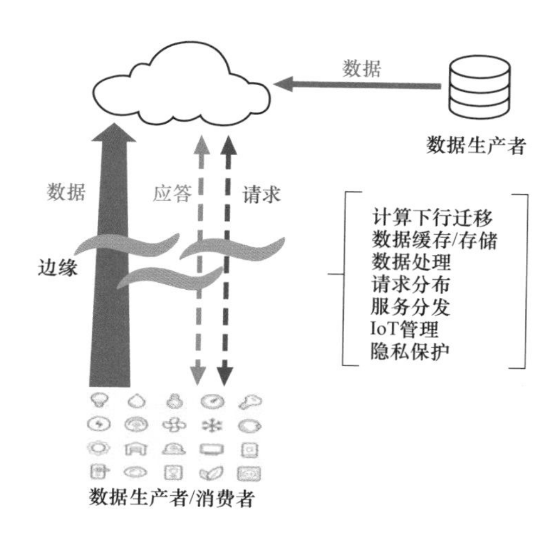

图 3-43　边缘计算模型图

云侧由高压电缆精益化管控平台、业务应用系统组成。它具备强大的计算和存储功能，可以执行复杂的计算任务。

管侧主要是指通信网络，可以采用电力光纤、无线公网、无线专网和互联网通信方式等。该系统中管侧是指数据交互信息按照物联网协议 MQTT 物联网协议标准通过 4G 网络进行传输，实现区域数据与云端数据之间可靠、安全的远程传输通道。

边缘侧主要是边缘计算，边缘层向下支持各种现场设备的接入，向上可以与云端对接。边缘侧包括边缘计算节点和边缘管理器，边缘计算节点是硬件实体，是承载边缘计算业务的核心。边缘计算节点根据业务侧重点和硬件特点不同，包括以网络协议处理和转换为重点的边缘网关、以支持实时闭环控制业务为重点的边缘控制器、以大规模数据处理为重点的边缘云、以低功耗信息采集和处理为重点的边缘传感器等。边缘管理器的呈现核心是软件，主要功能是对边缘计算节点进行统一的管理。边缘计算节点一般具有计算、网络和存储资源，边缘计算系统对资源的使用有两种方式：①直接将计算、网络和存储资源进行封装，提供调用接口，边缘管理器以代码下载、网络策略配置和数据库操作等方式使用边缘计算节点资源；②进一步将边缘计算节点的资源按功能领域封装成功能模块，边缘管理器通过模型驱动的业务编排的方式组合和调用功能模块，实现边缘计算业务的一体化开发和敏捷部署。

终端侧包含了整条电缆线路、各种传感器、现场应用设备等，终端侧的数据通过无线组网技术上传到边缘物联代理终端上，边缘计算应用架构图如图 3-44 所示。

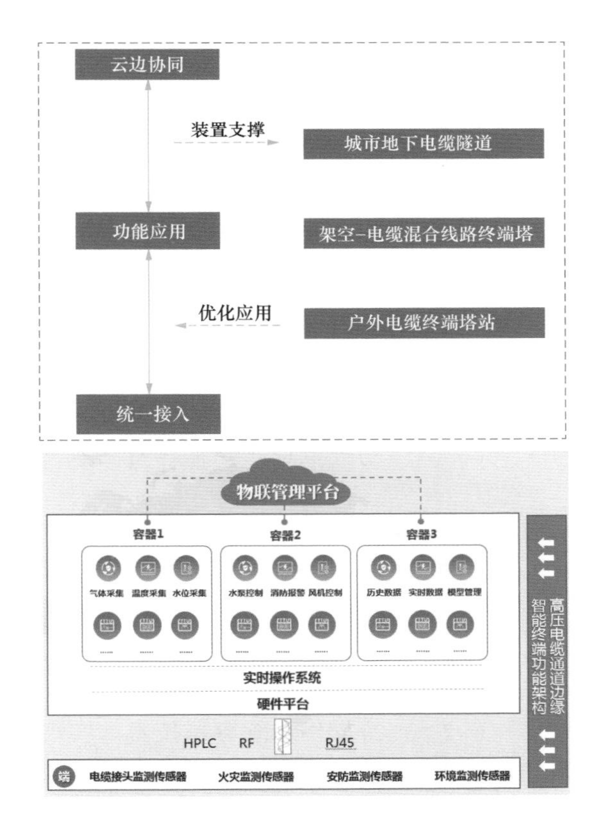

图 3-44　边缘计算应用架构图

按照元器件选型的原则且考虑电缆隧道内无源的情况较多，因此多采用电池供电，所以需要考虑电池供电功耗问题，选用 ARM 系列的 STM32L431RCT6 为核心处理器。其中，设计的部分电路原理图如图 3-45 所示。

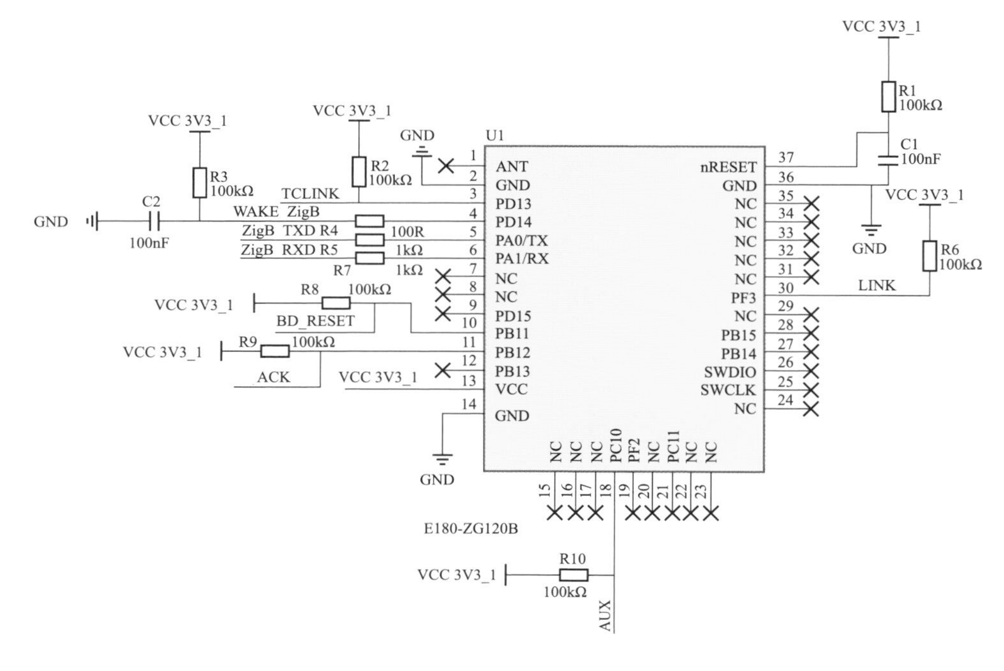

图 3-45　通信电路图

边缘物联代理终端是应用于重点电缆通道或重点部位（接头或隐患部位）的数据汇聚与就地计算的关键设备。边缘物联代理终端采用高速微处理器，运行嵌入式操作系统，具备远程管理维护功能，同时也支持 MQTT 物联网协议接入高压电缆精益化管控平台，是电缆设备及通道状态在线监测的核心单元。支持操作系统容器技术，实现主机操作系统与容器操作系统隔离，设备成品图如图 3-46 所示。

图 3-46　设备成品图

目前试点采用的通信方式，选用 MQTT 物联网协议作为上行通信协议，可接入多个网省的精益化管控平台。下行通信支持多信道无线自组网，支持物联网协议 COAP。

以上为边缘计算基本原理和结构。目前边缘物联代理现已在部分标准段所辖电缆隧道区域安装应用，如图 3-47 所示，运行状况良好。

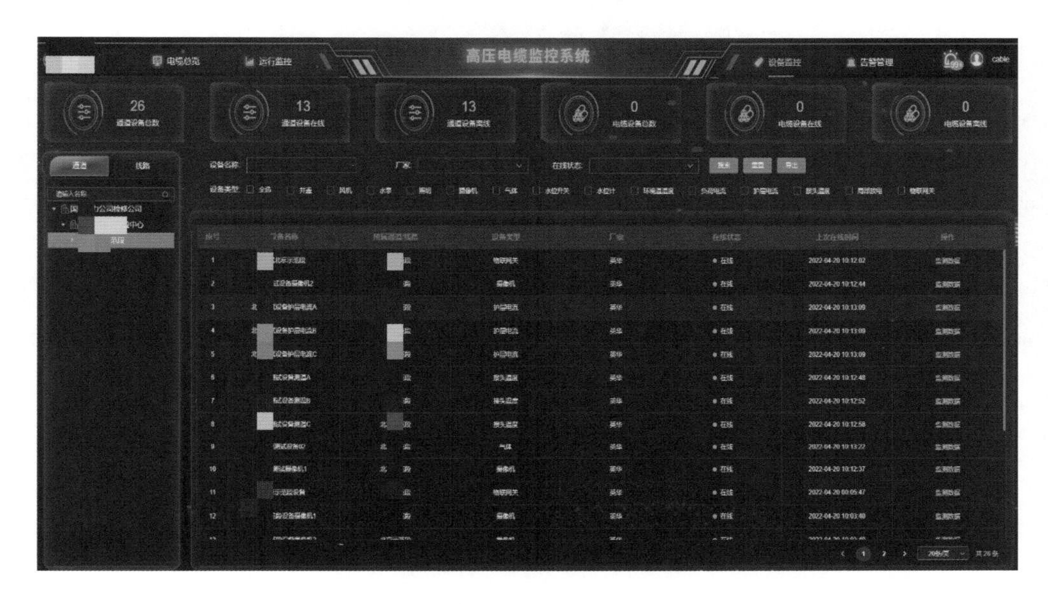

图 3-47　系统显示及摄像头抓拍显示图

第四章
电力电缆常用感知通信及组网技术

物联网技术广泛应用于无线通信技术，包括蓝牙、Wi-Fi、2G/3G/4G、ZigBee等，但都不能满足高压电缆和设备所处环境的要求。随着科技的不断提高，低功耗广域网络技术迅速发展，并在物联网发展中占据重要地位。各个芯片厂商、运营商也开始对其重视，相继推出 NB-IoT、LoRa 等多个标准，其中，NB-IoT 与 LoRa 因具有远距离传输与低功耗的特点被广泛地应用于物联网领域，高压电缆通道目前开始尝试 NB-IoT 与 LoRa 两种传输技术。

第一节　感知数据传输技术

一、LoRa 传输技术

Lora 是一种使用扩频技术，实现数据远距离传输的物联网通信技术，LoRa 由美国商升特公司设计并推广。LoRaWAN 作为 LoRa 的通信协议与微处理器具有更好的兼容性，并且终端节点更易开发。LoRa 技术的特点体现在以下四点内容。

1. 功耗低

LoRa 传输有多种模式并且可以快速切换。LoRa 采用了先进的扩频技术，当处于工作模式时，LoRa 的信噪比会降低使功率密度也处于较低的状态，从而降低 LoRa 的信号功率与数据传输速率，电量的消耗也随之减少，从而延长电池的使用寿命。

2. 传输距离远

在室外建筑物少的空旷环境中，LoRa 的信噪比会增加 6dB，这样就会使传输距离扩大一倍。LoRa 传输技术的信噪比相对于 GFSK 调制方式的信噪比大了 28dB，这样就会大大增加通信距离，其传输距离可以达到 5km。在较为复杂的环境中，传输距离也能够达到 2km 以上。LoRa 技术通信距离上的优势使其能够在相同覆盖范围内，大幅度减少中继节点的使用，使系统设计更加简洁，大大降低安装维护的成本。

3. 抗噪能力强

在扩频调制技术中，要想使接收端信号的可靠性强，就需要选取高扩频因子，LoRa 的扩频因子能达到 6～12。信号数据包被发送到扩频码调制器后，每一位都将按要求配置为 64～4096 个码片。从频谱仪上看，通过扩频调制产生的无线电波看起来更像是噪声信号，之后将信号经过扩频调制后，信号会具有一定的相关性，因此可以从噪声信号中提取出数据。由此看来，LoRa 传输技术适用于环境复杂、建筑物密集的场合。

4. 成本低，网络容量大

LoRa 传输技术可以在全球免费频段运行，不需要其他复杂的辅助设施。为了扩大通信范围，目前许多网络采用的都是网状结构或是混淆网络结构，但是这种方法也有缺点，不但使系统更加复杂，网络容量也在降低。LoRa 技术的崛起，使得其在通信技术领域有着巨大的优势，解决了无线通信在通信距离远和功耗低两者不可兼得的问题，这也决定了 LoRa 技术在低功耗广域物联网中的地位。

二、NB-IoT 技术

NB-IoT 作为一个新兴的 3GPP（3rd Generation Partership Project）无线接入技术，该技术为物联网中的设备提供网络连接服务。NB-IoT 传输技术对于应用网络拓扑结构进行简化，并通过低功耗实现了设备的长时间使用。2016 年 NB-IoT 标准规范出来后，NB-IoT 技术就吸引了各界专家学者的目光，并在交通、家庭、工业等领域应用该项技术，给物联网领域带来了巨大的变化，其技术主要特性包括如下 5 个方面：

（1）部署灵活：NB-IoT 技术只需要在 GSM 网络中使用的 200kHz 带宽内完成部署即可。在授权许可频谱范围内，有更多的部署选项可供选择。NB-IoT 的最小系统带宽只需要 180kHz，这就等于长期演进技术 LTE 中的一个物理资源块的带宽，并且具有带内部署、保护带部署和独立部署三种部署模式。

（2）广覆盖：在相同频段下，通过提高重传次数和功率谱密度等方法，NB-IoT 要比通用分组无线业务 GPRS 网络的增益提高约 20dB，这样就能提供更广更深的覆盖范围，从而满足电力系统的需要。

（3）多连接：NB-IoT 具有很强的连接能力，最多能够支持连接 5 万～10 万个终端设备，从而满足设备连接的需要。除此之外，终端数据的发送速率低，这样网络延时就不会对数据发送产生影响，并且借助于不连续接收机制和省电模式，能满足覆盖范围内所有终端节点可靠接入的要求，同时连接更多的设备。

（4）低功耗：降低模块运行时的功耗，从而延长待机时间与工作时间。NB-IoT 技术主要使用的是 DRX 和 PSM 等模式，通过缩短收发时间、简化无线协议等措施，从而降低终端节点的功耗。

（5）低成本，NB-IoT 终端芯片的售价非常低。同时低功耗、低带宽、低速率的特点也大大降低了 NB-IoT 的使用成本。

三、Wi-Fi 技术

Wi-Fi（Wireless Fidelity）遵循的协议是 802.l.lx 标准，Wi-Fi 是一种互联网技术。在办公室或者家庭中，用户可以通过它访问很多信息，享受方便快捷的网络。它以无线传输的方式，将家庭中或办公室中的电脑、智能设备等终端连接到一起。同其他短距离无线传输技术相比，Wi-Fi 具有更高的传输速率和更远的有效传播距离。因此在无线传输的各种技术中，Wi-Fi 有着不可动摇的地位，成为人们广泛选择的无线传输技术。Wi-Fi 的突出优势：Wi-Fi 的覆盖范围广，覆盖范围可达 100m，有利于智能系统组网连接；传输速度快，Wi-Fi 技术的传输速度可达

54Mbit/s。并且可以根据需要调整调节带宽。不需要布线，非常有利于设备的管理与维护。不受布线条件的限制，可扩展性能和移动性能强，有良好的市场前景。网络发射功率低，对人体健康安全。并且运营性价比高。Wi-Fi 技术可以将设备与互联网连接，实现更大程度的信息共享。

四、蓝牙传输技术

蓝牙技术对我们每个人来说都不是一项陌生的技术，它存在于我们日常生活的角角落落：耳机、电脑、手机等众多设备上。蓝牙采用分散式的网络结构，支持点对点以及点对多通信。蓝牙技术的数据传输速率在 1Mbit/s 左右，采用时分双工传输方案实现全双工传输。蓝牙技术的特点是：免费性，但手机必须在注册双模通信的基础上；即时性，接收到该设备发出的蓝牙信号的设备都能同时连接，实现在各种设备之间灵活、安全、低功耗的通信；无障碍性，遇到障碍物也能进行通信。

五、ZigBee 技术

ZigBee 采用跳频技术，使用在 2.4GHz 波段上，可以说是蓝牙技术的同胞兄弟。据说此技术是根据蜂群觅食的规律所发展出来的技术。在一般情况下，它主要应用于范围较小、传输速率要求不高的电子设备上。ZigBee 技术更简单、功率与费用更低，并且支持联网的节点数量更多。但缺点是传输速率太低、有效覆盖范围小，只有 10～75m 之间。ZigBee 技术的目前应用市场主要在 PC 外设、消费类电子设备、玩具等领域。

第二节 Wi-Fi MESH 自组网技术

近年来，Wi-Fi 技术在无线通信中因其使用便捷和传输速度快等优势，在人们日常工作和生活中有着日渐广泛的应用。但是，传统的无线局域网（wireless local area network，WLAN）因使用距离受限、组网不方便以及不能做到大范围的信号覆盖，已逐渐无法满足人们日益增长的生活需求。基于此现状，无线网格网络（以下称 Wi-Fi Mesh）正逐渐成为当下无线通信的研究重心，如图 4-1 所示。Wi-Fi Mesh 网络是无线 Mesh 网络（wireless mesh network，WMN）的一种，其相对于传统的 WLAN 拥有高带宽和高速度的优势。

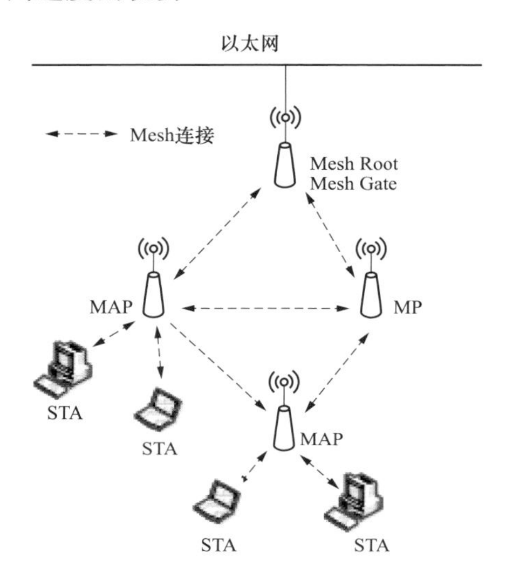

图 4-1　Wi-Fi MESH 网络结构

在传统 WLAN 网络中，无线 AP（access point，接入点）节点主要的功能是作为无线网络的接入点，必须同有线网络相连接。用户 STAC Station（工作站）节点需要先连接 AP 节点经过一跳才可以接入无线网络，因此传统 WLAN 网络又被称作单跳网络。由于 AP 节点必须同有线网络直接连接，传统 WLAN 网络的覆盖范围受到极大限制。但是在 Wi-Fi Mesh 网络中，MAP（mesh access point，Mesh 接入点）节点除拥有无线网络接入点的功能之外，同时还可以进行数据的转发，用户可以通过多个 MAP 节点进行多跳转发传输数据。因此，Wi-Fi Mesh 网络结合了 Ad Hoc（自组织多跳网）网络的优点，具有自组织和多跳特性可以使其允许 Mesh 节点参与到网络的组建之中，从而相对于传统 WLAN 具有更好的网络覆盖范围和组网便捷性。除此之外，Wi-Fi Mesh 网络还具有容易部署、扩展方便和配置自由等优势，拥有以上优点的 Wi-Fi Mesh 网络正成为通信领域“最后一公里”，这一难题的解决方案。

多跳 Wi-Fi Mesh 网络通过使网络中的每个 Mesh 节点同时承担起 Mesh 路由器和 Mesh 客户端的功能和角色，使得每个节点都可以访问周围的对等节点，建立直接通信，因此 Mesh 节点之间可以通过动态自组织建立起一个 Wi-Fi Mesh 网络。正是由于 Mesh 节点的上述特性，Wi-Fi Mesh 网络适合在基础网络设施受限制的地方扩展网络的连接性。Wi-Fi Mesh 网络相对于传统 WLAN 网络具有以下优点：

（1）Wi-Fi Mesh 网络具有灵活自组网的特性。Mesh 节点可以直接访问周围的对等 Mesh 节点，在网络建立的初始阶段，每台 Mesh 节点会与周围的 Mesh 节点交换信息，从而可以便捷且灵活地建立起整个 Mesh 网络。

（2）Wi-Fi Mesh 网络具有健壮性。由于整体 Mesh 网络为网状网结构，当某个 Mesh 节点故障宕机后，源节点可以简单地选择其他邻居节点进行通信。

（3）Wi-Fi Mesh 网络具有覆盖范围广的特性。无线 Mesh 节点可以直接进行数据交换，而不必同有线网络直接连接，相对于传统 WLAN 网络有着更大的网络覆盖范围。

第五章 电力电缆感知数据的平台化应用

第一节 平台功能架构

一、整体架构

电缆智能感知装置通过“三区四层”的架构接入高压电缆精益化管理平台，实现感知数据和业务数据的深度交互。高压电缆精益化管理平台是基于 PMS3.0 的微服务群，通过内外网物联管理平台与智能感知各边缘物联代理数据连接，汇集边缘物联代理感知数据，集中实现数据的远传和数据的安全接入，转发边缘物联代理对管道及电缆网感知设备的状态监测，提供统一的远程交互控制节点，并进行监测数据分析。实时获取各类电缆及通道多状态智能感知数据、缺陷隐患等运行数据，实现对电缆及通道多状态实时感知和风险预警，通过对价值数据的挖掘，建立适宜的状态评价机制，为高压电缆巡视管理、检修试验、政治保电等生产业务提供强力数据支撑，其整体架构如图 5-1 所示。

智能感知系统由前端安装的各类传感器采集电缆状态数据，目前 110kV 及以上高压电缆已广泛安装有接地电流、局部放电、温度等传感器，获取的这些状态表征量能直接或间接反映高压电缆线路设备的部分或某项性能，同时还安装有隧道气体浓度、烟雾、沉降、视频等反映通道环境和状态的传感器。各类别传感器

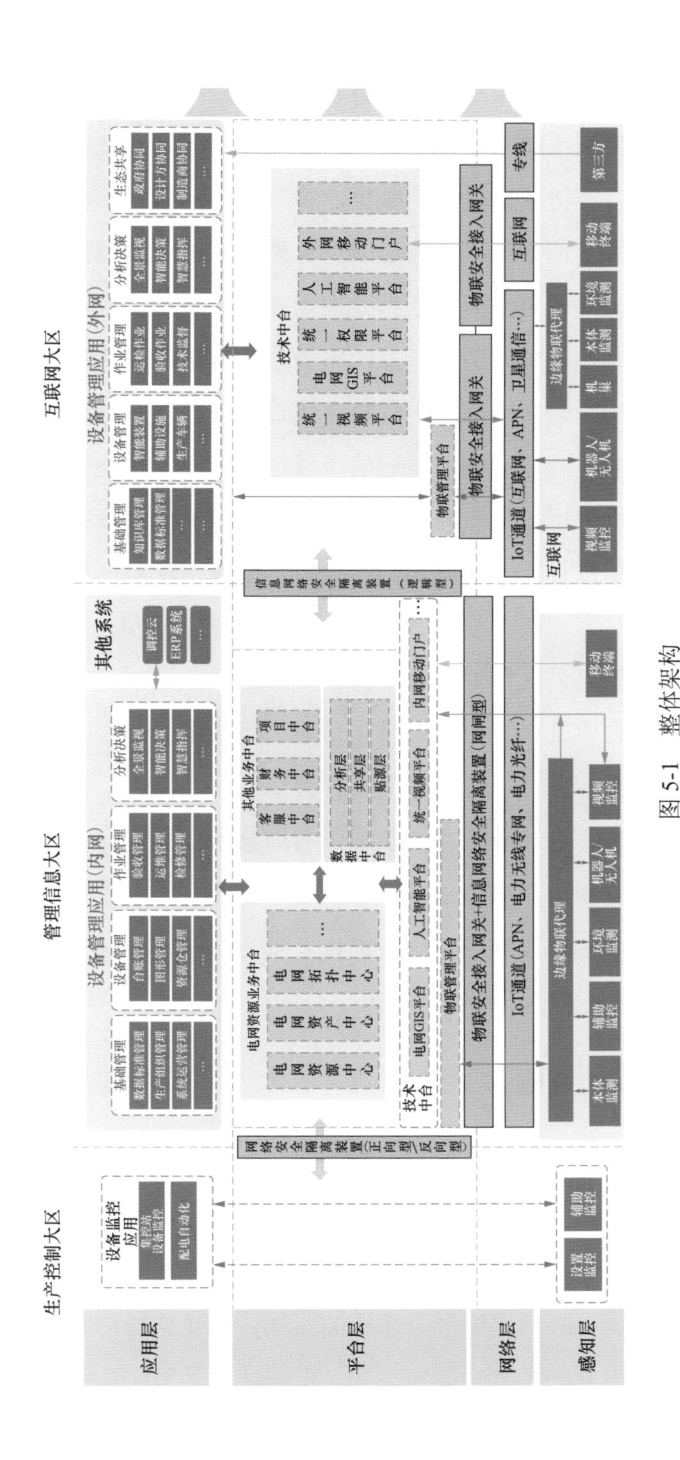

生产控制大区
管理信息大区
互联网大区
应用层
平台层
网络层
感知层
设备监控应用
集控站设备监控
配电自动化
设置监控
辅助监控
网络安全隔离装置（正向型/反向型）
设备管理应用（内网）
基础管理
数据标准管理
生产组织管理
系统运营管理
设备管理
台账管理
图形管理
资源仓管理
作业管理
验收管理
运维管理
检修管理
分析决策
全景监视
智能决策
智慧指挥
其他系统
调控云
ERP系统
电网资源业务中台
电网资源中心
电网资产中心
电网拓扑中心
其他业务中台
客服中台
财务中台
项目中台
数据中台
分析层
共享层
贴源层
技术中台
电网GIS平台
人工智能平台
统一视频平台
内网移动门户
物联管理平台
物联安全接入网关+信息网络安全隔离装置（网闸型）
IoT通道（APN、电力无线专网、电力光纤…）
边缘物联代理
本体监测
辅助监控
环境监测
机器人/无人机
视频监控
移动终端
信息网络安全隔离装置（逻辑型）
设备管理应用（外网）
基础管理
知识库管理
数据标准管理
设备管理
智能装置
辅助设施
生产车辆
作业管理
运检作业
验收作业
技术监督
分析决策
全景监视
智能决策
智慧指挥
生态共享
政府协同
设计方协同
制造商协同
技术中台
统一视频平台
电网GIS平台
统一权限平台
人工智能平台
外网移动门户
物联管理平台
物联安全接入网关
物联安全接入网关
IoT通道（互联网、APN、卫星通信…）
互联网
专线
互联网
视频监控
机器人/无人机
机巢
本体监测
环境监测
边缘物联代理
移动终端
第三方

图 5-1　整体架构

生产厂家众多，存在数据标准、接口标准不统一，数据通信接口兼容性差，无法与系统集成等问题，无法实现数据信息共享，难以满足输电电缆运行管理纳入城市发展大数据深度应用要求。针对该问题，通过在前端安装电缆智能感知边缘物联代理统一汇聚各类传感器采集的数据，统一接口和数据标准，实现数据实时上传，汇聚终端具备本地数据存储及边缘计算能力，对采集数据进行就地分析和计算，可实现报警阈值设定等简单数据处理功能，既规范了数据获取和传输格式，又减轻了平台端海量数据存储及计算的压力。随着智能巡检技术逐渐成熟，建立标准化移动作业机制，实现高压电缆精益化管理平台与移动作业系统数据交互，平台端能实时获取移动作业终端采集的现场图像资料、巡视记录、缺陷隐患、带电检测等关键运行数据，依托高压电缆精益化管理平台融合各类智能感知数据和现场移动巡检数据进行统一存储和综合分析，最终实现对高压电缆运维的辅助决策与精益管理。

平台在管理信息大区部署，与平台相关的系统关系如下：

（1）业务中台，互相提取台账基本信息、运检信息；

（2）数据中台，获取电缆线路的运行信息；

（3）物联管理平台，获取电缆及通道智能感知信息；

（4）与门户实现用户权限集成，单点登录等；

（5）统一权限集成，获取权限数据以及单点登录信息；

（6）I6000 系统采集电缆综合管理平台的运行数据。

二、总体设计原则

高压电缆精益化管理平台根据电缆专业业务现状及特点，在建设实施过程中，遵循了以下六个原则。

1. 融合适应性原则

系统架构的设计必须遵循融合适应的原则，系统架构中各组件的部署与集成方案应充分考虑相关的技术政策与原则，保证建成的系统能够与国家电网有限公司现有业务系统平滑地集成接入。

2. 先进性原则

系统需要采用成熟、先进的技术，确保系统技术的先进性和前瞻性，尽可能采用先进的软件体系结构和应用平台，建设符合信息技术最新发展潮流的应用基础架构和应用系统，保证投资的有效性和延续性，系统采用容器化部署、组件化应用的技术路线，基于 SG-CIM 统一模型，统一数据标准模型，构建电缆通道设备信息规范全面、电网拓扑准确合理、数据组织逻辑清晰的统一数据模型，实现业务驱动产生数据，支撑通道和电气设备的一体化管理，各接口组件能够在企业内的协同工作、各层次上集成，实现数据共享和重用，以满足业务需求，同时不断摸索面向服务的体系结构 SOA、虚拟化等前沿技术在项目中的应用。

3. 可靠性原则

需要保障系统的 7×24h 不间断、可靠运行，因此必须配备完善的可靠性措施设计，保证系统运行的高度可靠，充分考虑系统关键应用的可靠性要求，尽量全地采用微服务微应用的开发和云平台的部署方式。

4. 可扩展性原则

在进行硬件配置、方案设计、二次开发、系统实施时，使实现的平台具备良好的扩展性和可移植性，具备业务处理的灵活配置，能随着业务功能的变化灵活重组与调整，同时提供标准的开放接口，便于系统的升级改造和与其他系统进行数据与信息的交互。

5. 安全性原则

系统的业务应用将具备高安全可靠性，并通过采用多种安全机制和技术手段保障系统安全稳定运行，满足国家电网有限公司对网络和信息系统安全运行的要求。

6. 经济性原则

系统的构建必须实用、经济，应该尽量利用现有资源，坚持在先进、高性能前提下合理投资，以期在成本最佳的前提下获得最大的经济效益和社会效益。

技术路线总体上严格遵循信息化建设 SG-CIM 统一模型规范的要求，实现对开发平台资源的有效继承与复用，项目整体采用经典的 SpringCloud、Dubbo 微服务架构和关系型数据库，并基于统一应用平台 UAP 的开发平台进行开发。总体技术路线选型见表 5-1。

表 5-1　　总体技术路线选型

分类	选型原则
技术选型	遵从电力行业对信息系统技术路线的规范要求： （1）Web 界面展现技术：采用成熟界面展现技术，包括 Vue、EChart 等。支持谷歌浏览器 Chrome 50 以上版本。 （2）服务端开发技术：选择 Java 路线、JDK/JRE 1.8、Servlet 2.5/3.0、SpringClound。 （3）编码规范：Java 代码、客户端组件、数据序列化等相关文件、数据统一采用 UTF-8 编码
部署模式	系统采用一级部署
开发平台	遵从国家电网有限公司对一体化平台的应用规范： （1）采用分层技术架构。 （2）采用 SpringCloud、Dubbo 微服务框架。 （3）采用面向服务（SOA）的架构，对外提供 RESTful 风格的服务，通信协议采用 HTTP（S），数据传输格式采用 JSON、XML。 （4）系统集成充分利用一体化平台所提供的统一权限、数据中心、统一数据交换等组件，实现用户权限控制、系统间的数据共享和业务融合
中间件	遵从电力行业对应用中间件选型规范要求，选择：Docker、WebLogic 等
数据库	（1）数据采用关系型数据库 MySQL/PostgreSQL。 （2）缓存数据库采用 redis。 （3）文档数据库支持 FastDFS、minio、OSS 等存储
大数据组件	（1）大数据平台。 （2）离线分析型数据采用 Hadoop Hive 大数据技术存储与分析（大数据平台）。 （3）电网运行数据采用 Hadoop HBase 存储（大数据平台）

三、业务架构

业务架构由总部、省级和地市级三大部分组成，如图 5-2 所示。通过对业务模型的分解，智能感知与生产业务的融合，利用系统分析的方法，对高压电缆精益化管理平台的业务应用过程和目标进行分析抽象和归纳，形成高压电缆精益化管理平台的功能模块及对应的功能域。实现高压电缆专业业务数据的全面汇总展示，基于电缆业务应用专业分析技术，实现对智能感知数据的分析、检测数据的闭环评估以及单体故障原因的深化分析，指导高压电缆运维检修工作。高压电缆精益化管理平台的目标是为电缆精益化运维管理工作提供信息化、智能化支撑，以电缆专业精益化管理专项工作管控为基础，实现专项工作进度管控、运维数据

总部级

- 设备总览
  - 设备概况总览
  - 电缆及通道规模
  - 在线监测系统规模
- 设备状态管理
  - 状态评价管理
  - 老旧电缆管理
  - 故障分析管理
- 设备专业管理
  - “六防”分析管理
  - 通道风险分析管理
  - 运检装备评估管理
  - 负荷状态分析
  - 运维检修评估管理
  - 运检服务商评估管理
  - 在线监测系统评估管理

省级

设备总览	“六防”统计管理	缺陷统计管理	故障统计管理	通道风险统计管理	在线监测管理	状态评价管理	运维检修管理	负荷分析	老旧电缆管理
设备概况总览									
电缆线路规模	“六防”隐患统计分析	缺陷统计分析	故障统计分析	风险统计分析	监测装置总览	状态评价分析	运维检修指标分析	负荷情况总览	老旧电缆总览
电缆通道规模	“六防”隐患治理案例统计	缺陷处置管理	故障抢修管理	风险治理管控	监测装置分析	状态评价问题治理案例统计	运维检修管理	载流能力评估	老旧电缆分析

地市级

- 电缆及通道管理：电缆管理、通道管理、台账统计、综合查询、线路走向绘制及设备定位
- 生产准备及验收：可研管理、初设管理、施工图管理、施工管理、交接试验管理、验收管理
- 巡视管理：巡视任务管理、巡视结果管理、移动巡视管理
- “六防”管理：“六防”隐患登记、“六防”隐患治理、隐患治理案例维护
- 缺陷管理：缺陷登记、缺陷处置管理、缺陷处置案例维护
- 故障管理：故障登记、故障抢修管理、故障态势分析
- 应急管理：应急预案制定、应急预案管理、备品备件管理
- 保电管理：保电任务管理、保电方案制定、保电任务执行记录
- 检修与试验管理：检修计划管理、现场勘查管理、检修报告、检修试验分析
- 带电检测管理：检测计划管理、检测任务管理、检测数据管理、检测数据分析
- 在线监测管理：装置台账管理、运行状态管理、报警信息管理、可靠性管理
- 状态评价管理：状态评价、状态评价问题分析、状态评价有效性分析、状态评价案例维护
- 老旧电缆管理：规模及趋势统计、专项检测管理、风险评估分析、退役决策管理

图 5-2 全过程运维数据管理及精益化运检专项工作管控

管理，逐步建立电缆运维大数据管控机制与分析诊断平台，实现电缆线路状态综合诊断、风险预警、差异化运维决策、老化评估及退役决策等智能化运维管控功能，基于海量业务信息大数据分析、多源数据融合实现智能诊断等创新成果与传统运检业务深度融合，实现高压电缆线路全过程运维数据管理及精益化运检专项工作管控，强化设备状态管控，全面支撑高压电缆智能运检体系建设。

四、数据架构

数据架构定义了管理平台中的数据模型、数据构成、相互关系、存储方式、数据标准等。

根据各专业需求规范和跨部门协同需求，开展“三区四层”数据流向设计，包括电网资源业务中台、数据中台、物联管理平台、统一视频平台等系统间数据流，分为展示分析数据、过程管理数据、基础数据，基础数据又细分为竣工验收类数据、设备台账类数据、巡视检测类数据、监测感知类数据、检修记录类数据、专业管理类数据等，如图 5-3 所示。

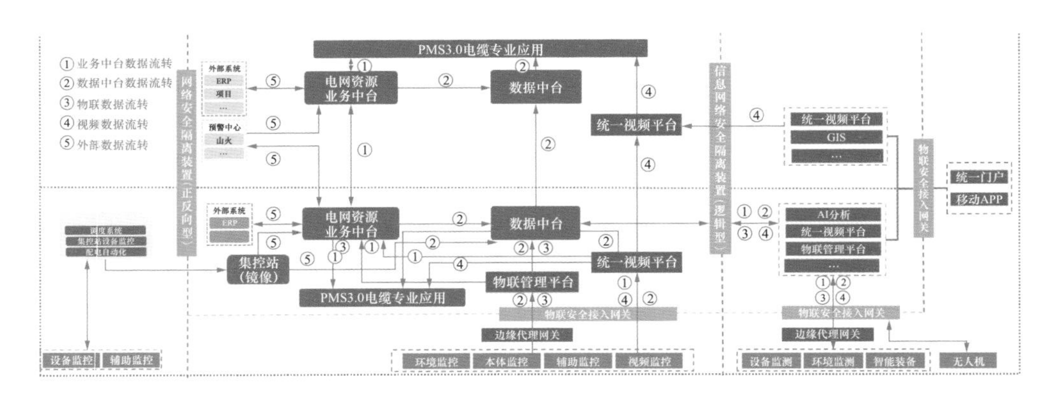

图 5-3　数据架构图

高压电缆精益化管理平台数据管理设计主要原则包括：

（1）平台数模设计充分考虑实物 ID、移动巡检等新兴数据管理需求。

（2）台账类数据采用源维护工具录入，经业务中台同步至平台。业务数据由平台录入后同步至业务中台，提升电缆业务数据的共享能力。

（3）智能感知设备台账数据在物联管理平台录入，同步至平台后，由平台维护智能感知系统装置细化台账，包括各监测单元设备编码、运行状态等。

（4）智能感知状态数据存储在边缘物联代理或物联管理平台中，保障异常预警信息可推送至平台，相关原始数据可由平台调用。

（5）专业管理类数据基于台账数据、运维数据、感知数据综合分析生成，全过程在平台中进行管理。

技术架构如图 5-4 所示。

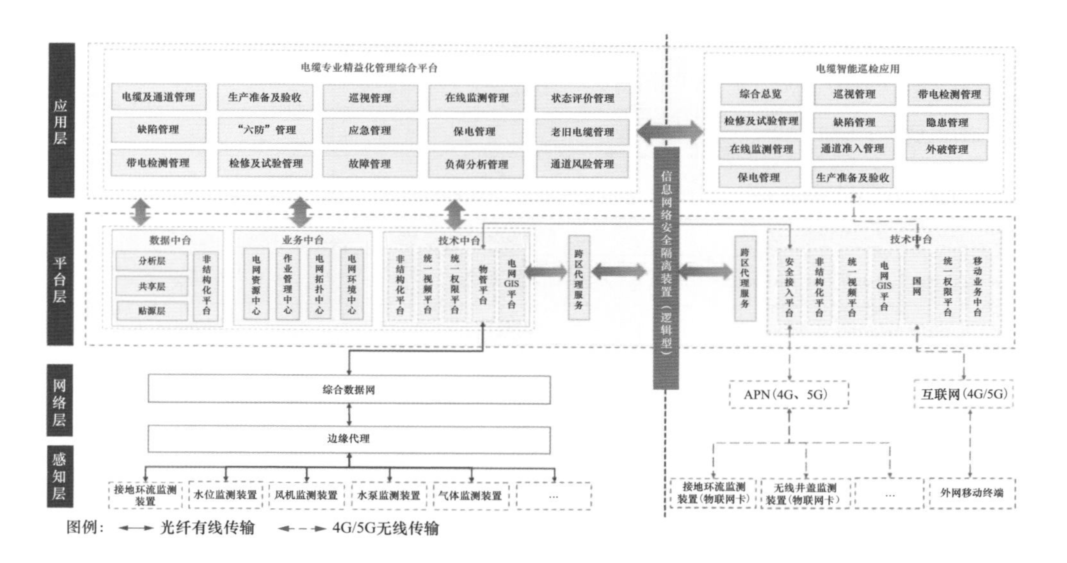

图 5-4　技术架构图

高压电缆精益化管理平台总体架构围绕电网资源业务中台、技术中台和数据中台建设，结合 PMS3.0 三区四层平台化总体架构，依托平台层“大云物移智链”技术与共性技术业务服务平台化支撑贯通管理信息大区及互联网大区，借助资源业务中台、数据中台和技术中台，实现设备台账、图形台账维护智能化，提高台账准确性，实现设备互联互通、人机高效互动、管理智能决策。

系统中移动应用，使用普通智能手机，通过平台接入信息内网与高压电缆精益化管理平台进行数据交互。

系统中所有的地图应用都基于 GIS2.0/瓦片的地图，通过页面集成方式，调用

GIS2.0 的地图切片，所有设备的位置信息都保存于本系统，只在 GIS2.0 的地图上进行展示。

系统技术架构遵从情况见表 5-2。

表 5-2　　技术架构遵从情况

高压电缆精益化管理平台系统架构	高压电缆精益化管理平台技术架构	关注度
数据中台集成	数据中心	参照
与统一权限管理平台（ISC）	数据中心、统一数据交换平台	参照
与信息通信一体化调度运行支撑平台（I6000）集成	统一数据交换平台	参照
与流程管理平台（BPM）		参照
Chrome 50 版本及以上	浏览器	遵从
开放框架	Spring Cloud	遵从
Red Hat Linux/CentOS Linux	操作系统	遵从
ES、Hadoop、Hive	大数据	遵从
关系型数据库	MYSQL	遵从
缓存数据库	Redis	遵从
文档数据库	OSS、MiniO、FastDFS	遵从
中间件	Tomcat	遵从
Sun JDK	Java 虚拟机	遵从
开发平台	Eclipose、Idea	遵从
负载均衡	负载均衡产品	遵从

五、部署架构

平台基于云平台，采用两级部署模式。在管理信息大区与互联网大区部署业务应用，在感知层部署边缘物联应用。管理信息大区部署业务应用、电网资源业务中台、PC 端统一工作台。通过云消息服务、云服务总线实现与其他系统的集成交互，部署架构图如图 5-5 所示。通过云消息服务、云服务总线、统一数据交换平台 SG-UEP 实现总部、公司两级纵向贯通。

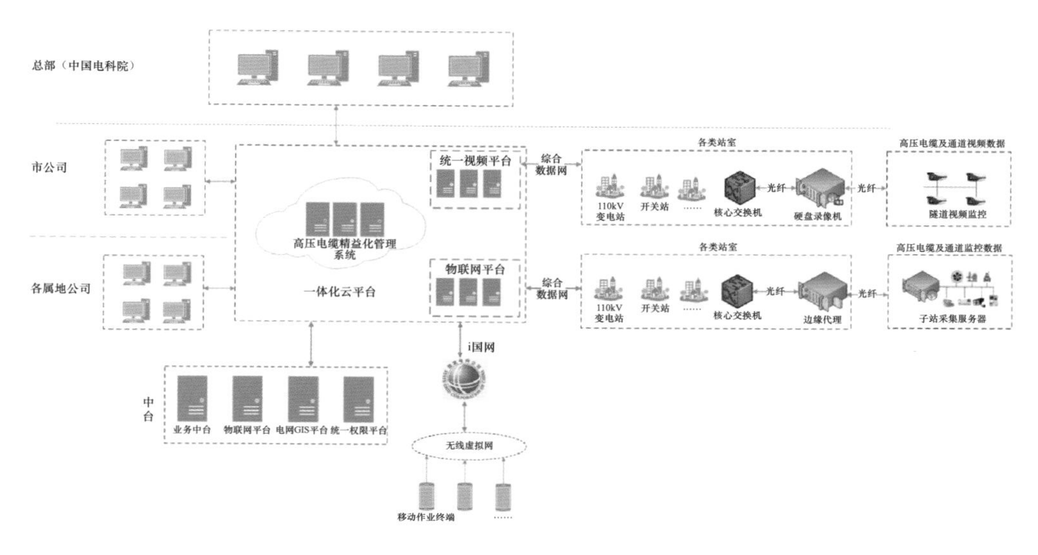

图 5-5　部署架构图

六、安全架构

引用《新一代设备资产精益管理系统（PMS3.0）顶层设计输电专业设计报告》安全防护设计方案部分中的物联网安全扩展要求：参照网络安全等级保护 2.0 制度要求，高压电力电缆智能感知物联网安全可以从以下四方面开展安全防护设计：安全物理环境、安全区域边界、安全计算环境及安全运维管理。物联扩展安全防护架构图如图 5-6 所示。

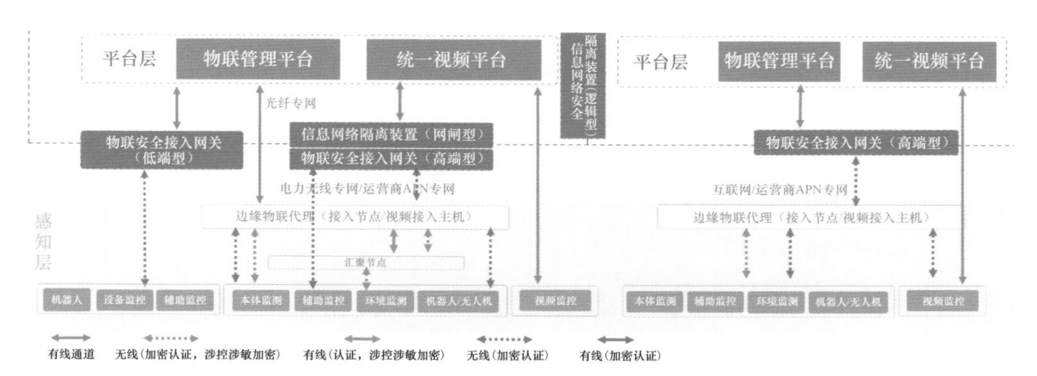

图 5-6　物联扩展安全防护架构图

按照终端安全类型和网络通道类型，需采用不同的安全防护措施。基于密码技术进行设备或终端安全接入时，身份认证和通信加解密保护功能应采用由公司统一密码服务平台提供的密钥和数字证书（包括通信和业务安全）。边缘物联代理、传感终端等各类感知层终端应遵循专网专用原则。避免两大区共用网络接入技术APN专网或单一终端跨接两大区而造成大区间隔离体系被破坏。

主站侧远程集中控制安全要求。主站侧远方集中控制业务对于直接控制指令和控制策略批量下发的安全要求相同。对于控制方要采用严格的身份认证如数字证书技术，确保操作人员身份合法性，除网络层通过物联安全接入网关保障远程控制通信通道安全外，应用层应通过业务证书对控制指令或控制策略文件进行加密保护。被控方也需要通过接入的合法身份确认，同时具备对控制指令或控制策略文件的加解密能力。

涉控边缘物联代理接入公司互联网大区时，应通过物联安全接入网关（高端型）基于国密 SSL/SSAL 协议安全接入。边缘物联代理通过无线方式接入公司管理信息大区时，应通过物联安全接入网关（高端型）和信息安全网络隔离装置（网闸型）基于国密 SSL/SSAL 协议安全接入。对于北向有线、南向无线的混合接入方式，应参照无线接入方式。边缘物联代理等电力专用终端，尤其在高并发场景下宜采用电力专用 SSAL 协议接入；视频摄像头、机器人、移动作业终端等通用设备宜采用国密 SSL 协议接入。

传感终端无线或有线接入边缘物联代理，应实现身份认证，其中涉控终端还应对传输数据进行加密。涉控终端宜具备监测自身软硬件安全运行状态能力，有条件的宜集成硬件安全密码芯片/TF 卡/数字证书 UKey。相关要求不涉及客户侧网外（非公司资产）传感终端。

（一）安全物理环境

物理与环境安全防护按照等级保护安全防护规定、计算站场地安全要求开展，室内外环境应满足位置安全、物理访问控制、机房监控、电力供应、电磁屏蔽等要求，防范人为破坏与自然灾害，安全要求见表 5-3。

表 5-3　　安全物理环境

安全要求		等级	实现方式及措施	是否符合
安全物理环境	感知节点设备物理防护	基本要求	感知节点设备所处的物理环境应不对感知节点设备造成物理破坏，如挤压、强振动	是
			感知节点设备在工作状态所处物理环境应能正确反映环境状态（如温湿度传感器不能安装在阳光直射区域）	是
	增强防护措施		无	

（二）安全区域边界

根据不同的边界性质，PMS3.0 对于安全区域边界采取接入控制、安全接入、入侵防范等安全措施，并对边缘物联代理、物联终端等接入对象之间实施风险管控及安全监测，见表 5-4。

表 5-4　　风险管控及安全监测

安全要求		等级	实现方式及措施	是否符合
安全区域边界	接入控制	基本要求	应保证只有授权的感知节点可以接入	是
	安全接入		对于采用无线网络接入的终端，应采用自建无线专网或统一租用“APN+VPN”的无线公网	是
			（1）有线方式采用光纤专网。 （2）无线方式采用无线 APN 专网或公司无线专网	
			边缘物联代理和融合终端等智能物联终端，有安全接入需求时，安装公司自主研制安全接入网关的配套软件开发工具包 SDK，实现和安全接入网关的对接	是
			使用公司配备专用 SIM 卡，并安装支持国产 SM 系列密码算法的专用安全芯片，使用物联安全接入网关（高/低端型）进行安全接入	是
			所有感知节点设备应具备唯一网络身份标识，且身份标识基于密码算法（IBC、SM4 等）实现身份认证。对于涉控终端还需加强自身本体安全（安全芯片或 TF 加密卡）	
	入侵防范	基本要求	应能够限制与感知节点通信的目标地址，以避免对陌生地址的攻击行为	是
			应能够限制与网关节点通信的目标地址，以避免对陌生地址的攻击行为	是
	增强防护措施		无	

（三）安全计算环境

安全计算环境包括感知节点设备安全、网关节点设备安全、抗数据重放、数据融合处理四个方面。

感知节点设备包含视频监控终端、传感器（含设备监测、环境监测传感器）、机器人、移动作业终端/无人机控制器、汇聚节点、接入节点（含边缘物联代理、视频接入主机等）等，见表 5-5。

表 5-5　　感知节点设备实现方式及措施

安全要求		等级	实现方式及措施	是否符合
安全计算环境	感知节点设备安全	增强要求	应保证只有授权的用户可以对感知节点设备上的软件应用进行配置或变更	是
			应具有对其连接的网关节点设备（包括读卡器）进行身份标识和鉴别的能力	是
			一般感知节点应具备网络唯一身份标识，带涉控业务的，北向还需进行身份认证和传输加密	
			应具有对其连接的其他感知节点设备（包括路由节点）进行身份标识和鉴别的能力	是
			感知层设备至少应有唯一身份标识，视频监控终端有线方式可直接接入统一视频平台，无线接入方式需通过视频接入主机进行安全防护实现。传感器通过汇聚节点加强访问控制。机器人需进行数据加密及自身监测。移动作业终端需具备身份认证、数据加密、自身监测能力，通过公司统一外网门户接入。汇聚节点需具备自身监测和访问控制防护能力，提供数据汇聚、数据转发和访问控制能力。感知节点边缘物联代理应采用身份认证、数据加密、访问控制、自身监测、安全管理、日志审计等安全防护策略，带涉控业务的，南向还需进行传输加密，并进行本体安全防护，包括集成安全芯片，监测自身软硬件运行状态和南向终端行为。感知节点的完整性、运行状态等特征信息异常时，可阻断该感知节点设备的连接	
	网关节点设备安全	增强要求	应具备对合法连接设备（包括终端节点、路由节点、数据处理中心）进行标识和鉴别的能力	是
			涉控边缘物联代理接入公司互联网大区时，应通过物联安全接入网关（高端型）基于国密 SSL/SSAL 协议安全接入。边缘物联代理通过无线方式接入公司管理信息大区时，应通过物联安全接入网关（高端型）和信息网络安全隔离装置（网闸型）基于国密 SSL/SSAL 协议安全接入。对于北向有线、南向无线的混合接入方式，应参照无线接入方式。边缘物联代理等电力专用终端，尤其在高并发场景下宜采用电力专用 SSAL 协议接入；视频摄像头、机器人、移动作业终端等通用设备宜采用国密 SSL 协议接入	

续表

安全要求		等级	实现方式及措施	是否符合
安全计算环境	网关节点设备安全	增强要求	应具备过滤非法节点和伪造节点所发送的数据的能力	是
			授权用户应能够在设备使用过程中对关键密钥进行在线更新	是
			基于国密 SSL/SSAL 协议安全接入	
			授权用户应能够在设备使用过程中对关键配置参数进行在线更新	是
	抗数据重放	增强要求	应能够鉴别数据的新鲜性，避免历史数据的重放攻击	是
			基于可信根对计算设备的系统引导程序、系统程序、重要配置参数和应用程序等进行可信验证	
			应能够鉴别历史数据的非法修改，避免数据的修改重放攻击	是
			基于可信根对计算设备的系统引导程序、系统程序、重要配置参数和应用程序等进行可信验证，并在检测到其可信性受到破坏后进行报警，并将验证结果形成审计记录送至安全管理中心	
	数据融合处理	增强要求	应对来自传感网的数据进行数据融合处理，使不同种类的数据可以在同一个平台被使用	是
			基于边缘物联代理和汇聚节点规范进行数据融合处理	
	增强防护措施		无	

（四）安全运维管理

安全运维管理要求见表 5-6。

表 5-6　　　　安全运维管理要求

安全要求		等级	实现方式及措施	是否符合
安全运维管理	感知节点管理	基本要求	应指定人员定期巡视感知节点设备、网关节点设备的部署环境，对可能影响感知节点设备、网关节点设备正常工作的环境异常进行记录和维护	是
			应对感知节点设备、网关节点设备入库、存储、部署、携带、维修、丢失和报废等过程作出明确规定，并进行全程管理	是
	增强防护措施		无	

第二节 状态智能感知应用

一、分布式光纤测温

交联高压电缆的可靠性将在很大程度上取决于实际运行温度，温度数据对发热和过电流等缺陷意义重大，电缆接头的导体压接不良、火灾等都会引起局部过热，电缆线路周围环境、土壤热阻系数的变化对绝缘的运行温度影响也很大。对高压电缆运行温度感知普遍采用分布式光纤测温技术。

光纤分布式温度监测系统利用光纤感测信号和传输信号，采用先进的光时域反射仪（optical time domain reflectometer，OTDR）技术和 Raman 散射光对温度敏感的特性，探测出沿着光纤不同位置的温度的变化，实现真正分布式的测量温度。平台端重点对光纤曲线进行直观展示和自动报警，曲线展示包括实时曲线展示功能及历史最高温曲线展示功能，报警数据可在平台自主设置，重点对最高温度报警、温度上升速率报警、最高温度与平均温度差值（局部过热点）报警、光纤破坏报警、装置异常等报警，不同的区域应能独立报警。报警方式除主控机屏幕显示和音响报警基本要求外，并具有报警输出端口。最高温度报警根据现场实际情况进行设置，通常设置为 45～60℃，温升报警设置为 10～15℃/min。

针对传统光纤敷设方式，改进测温光纤敷设方式以优化平台端告警机制，重点对电缆中间接头及终端处测温光纤敷设方式进行优化，原有方式覆盖面积较小，无法实现精确定位的目标，改进后光纤应双环形缠绕在电缆中间接头及终端上，特别在易出现发热现象的尾管处应紧密缠绕，同时通过现场加热与平台曲线进行比对，精确定位接头尾管处光纤具体位置。优化精益化平台端测温曲线功能，在曲线上直观展示每支接头尾管位置（每支中间接头 2 个点位，每支终端 1 个点位），同时增加光纤测温沿线每点温度历史曲线展示及报警功能，当电缆或接头故障或出现发热缺陷时，能通过曲线异常温升迅速精确地判断出故障及缺陷位置，实时曲线、历史最高温曲线和接头定位如图 5-7～图 5-9 所示。

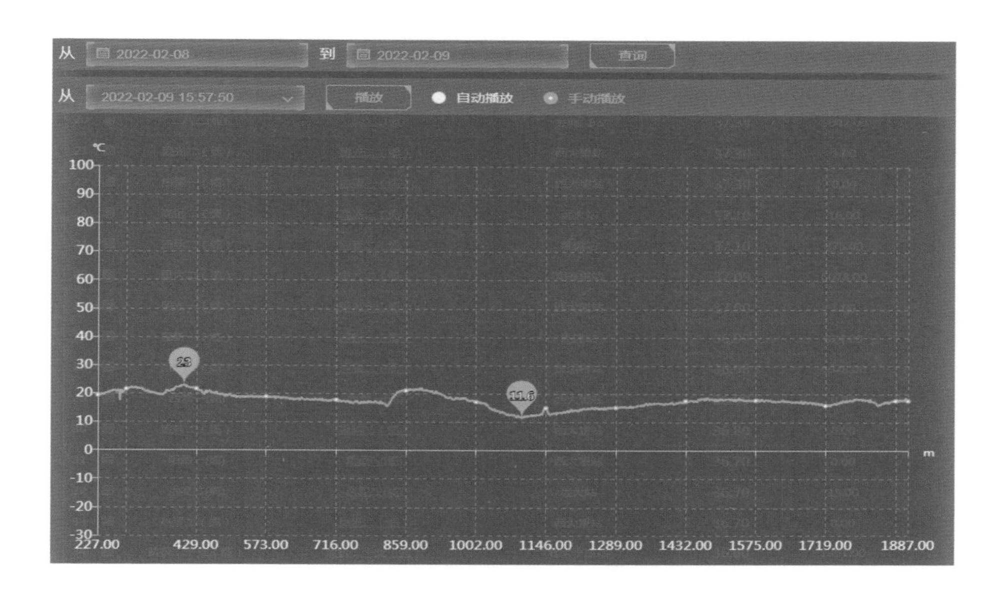

图 5-7　实时曲线

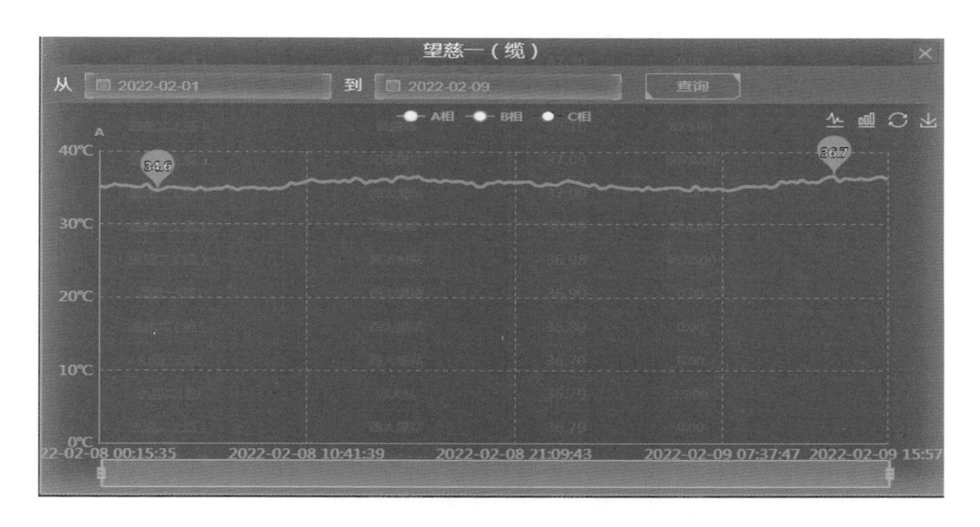

图 5-8　历史最高温曲线

二、接地电流监测

高压电缆线路运行中其金属护层中存在接地电流。接地电流主要包括电容电流、电导电流和感应接地电流，电导电流幅值非常小，可忽略不计，而一般情况下电容电流很小。电缆金属护层受损、存在接地缺陷或故障发生等情况下，金属

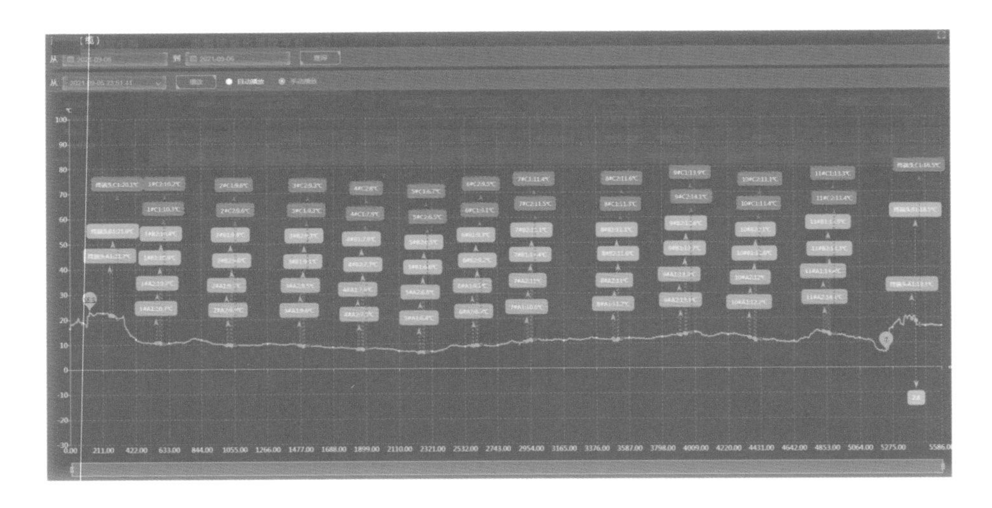

图 5-9　接头定位功能

护层的接地回路中的感应接地电流将显著增大，接地电流数据可作为高压电缆接地系统运行状态的重要依据，精益化系统通过对前端传感器回传来的接地电流监测数据进行有效挖掘和直观展示，实现对接地电流过高、三相不平衡及突变等异常情况进行实时监测及报警（如图 5-10 所示），并结合历史曲线和负荷变化等因素对接地电流的变化规律进行趋势分析，起到预警和提前研判的作用。主要功能应用点有：

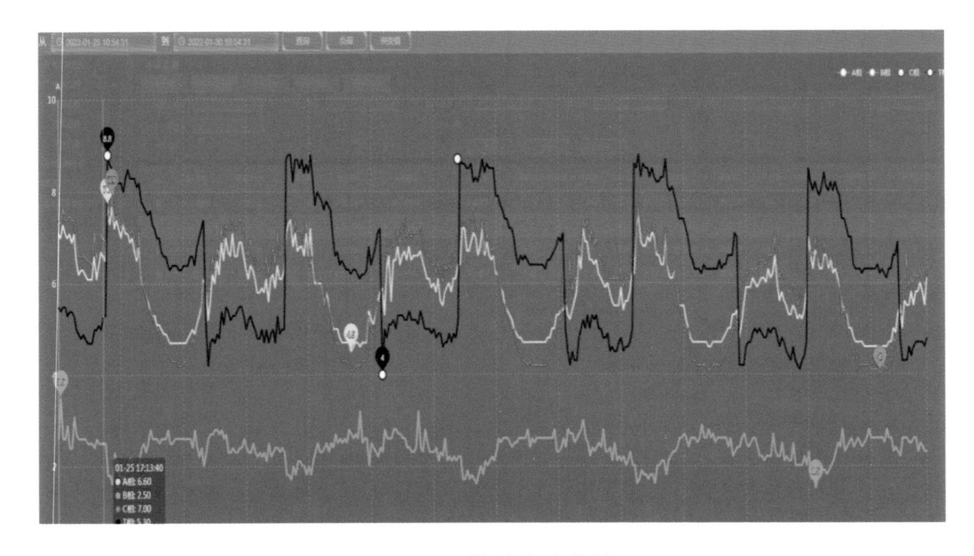

图 5-10　接地电流曲线

（1）平台能实时监测电缆的金属护层电流值，并能直观展示实时曲线和历史曲线，同时叠加负荷曲线辅助分析研判。

（2）装置的信号采集单元分辨率在 12 位及以上。

（3）具备至少 1 年的数据储存能力，包括监测时间、被监测设备相别、接地电流、位置等参数信息。

（4）平台具备异常状态报警功能。以根据接地电流绝对值、接地电流与负荷比值和单相接地电流最大值/最小值为告警指标，如图 5-11 所示。

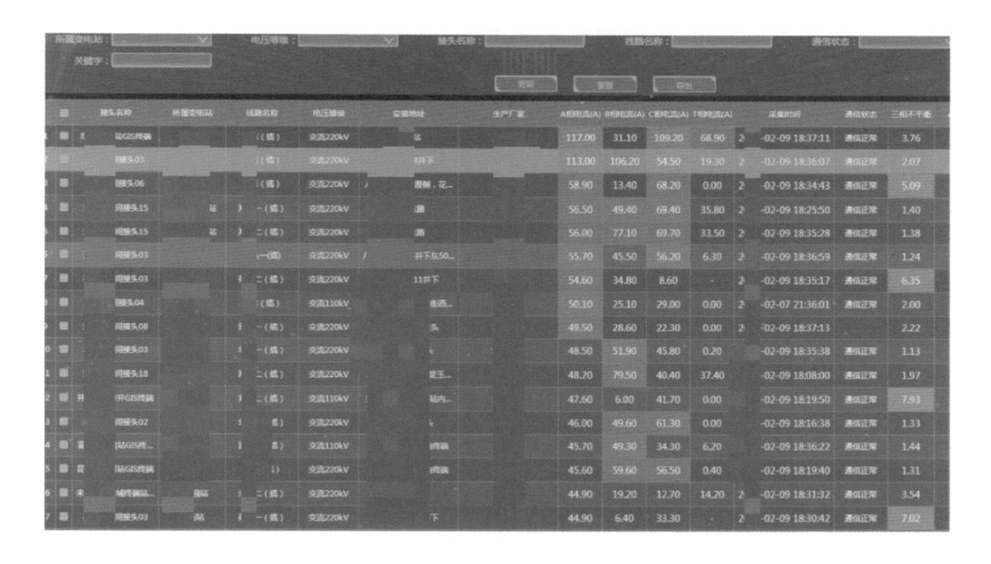

图 5-11　数据报警展示

三、局部放电监测

高压电缆绝缘结构中往往会由于加工技术上的难度或原材料不纯而存在气隙和有害性杂质，或由于工艺原因在绝缘与半导电屏蔽层之间存在间隙或半导电层向绝缘层突出，在这些气隙和杂质尖端处极易产生局部放电（partial discharge，PD）。局部放电作为高压电缆线路绝缘故障早期的主要表现形式，既是引起绝缘老化的主要原因，又是表征绝缘状况的主要特征参数。高压电缆线路局部放电量与电力电缆绝缘状况密切相关，局部放电量的变化预示着电缆绝缘中一定存在着可能危及电缆安全运行的缺陷。因此，准确测量局部放电是判断高压电缆绝缘品质的最直观、理想、有效的方法。对运行中的交联电缆线路实施局部放电智能感知，进而分析诊断运行线路中电缆及附件的绝缘缺陷状况，具有重大现实意义。

灵活的信号分类分析。方便直观的平台操作界面，可以灵活地进行参数设置、实时监控、历史数据分析。既可以监控当前状态，又可以方便地进行连续监测形成放电趋势图从而掌握电缆系统本体及每个附件绝缘运行状况；既可以通过系统先进的聚类算法对分类后的信号进行放电分析，也可以手动选择某类信号进行放电分析；通过高采样率的高速数据采集单元，保证了对高频脉冲信号细节的精确记录，为数据分析提供了良好的基础，时域、频域分析图谱和结果分析图谱分别如图 5-12 和图 5-13 所示。

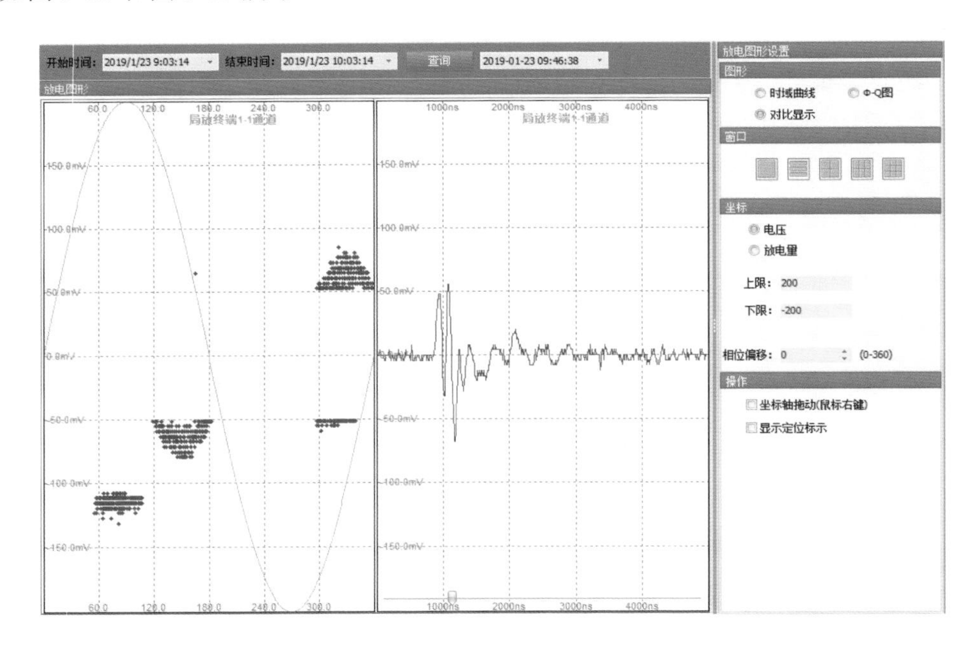

图 5-12　时域、频域分析图谱

四、通道环境监测

电缆隧道智能感知包括对隧道内环境和隧道本体沉降变形的监测，对实时掌握电缆设备运行环境、人员有限空间作业风险及隧道外力防护隐患等有着重要作

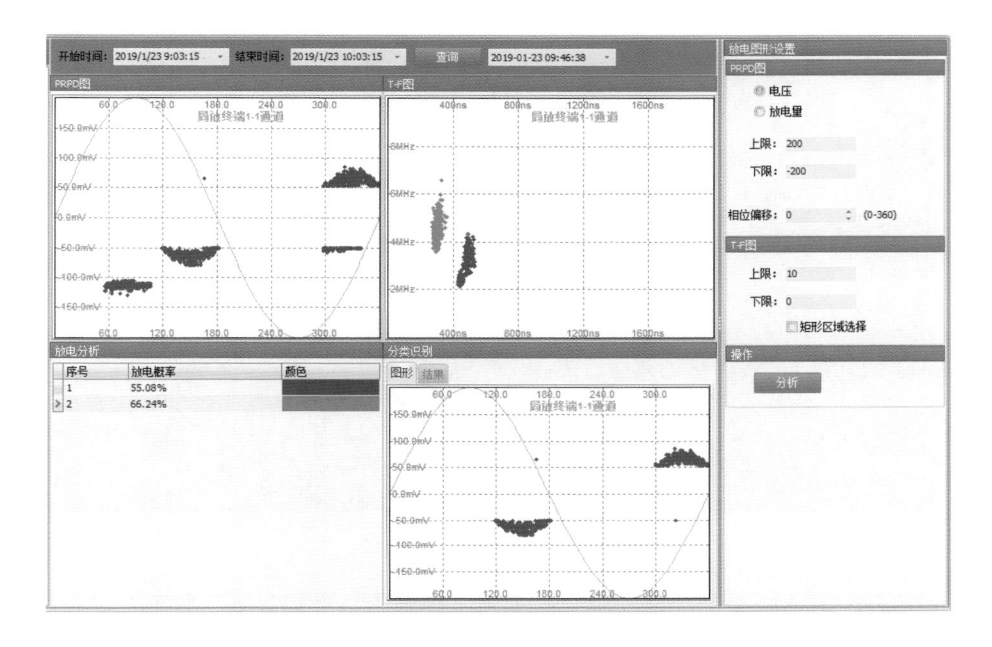

图 5-13　结果分析图谱

用。部分高压电缆隧道环境复杂恶劣，城市老旧隧道内渗漏水严重，邻近污水、燃气等管道段隧道存在有毒及易燃易爆气体超标的风险，对隧道环境的监测意义重大。隧道环境监测主要包括对隧道内温度、气体浓度及水位等状态量的监测，温度监测采用在隧道内安装分布式感温光纤将温度数据实时上传至精益化平台；气体监测包括对隧道内氧气、硫化氢、一氧化碳和易燃易爆气体浓度的监测；水位监测通过隧道底部安装的水位压力传感器采集水位数据，通过精益化平台对各环境监测的状态量进行实时监测和自动报警。智能感知平台端由各种应用服务器、数据库服务器、打印终端、存储设备、显示大屏、前端控制机等软硬件设备组建，部署在集中监控中心内，并实时接入精益化管理平台。

1．水位智能感知

水位智能感知系统应具备电缆通道内水位参量连续不间断监测的功能。具备判断标准、智能联动控制标准及信息上传功能，同时宜具备与排水设施联动的功能。平台端对水位实时情况及历史曲线进行直观展示和自动报警，可自主设置报警阈值，水位数据实时展示及历史记录查询如图 5-14 和图 5-15 所示。

东60米井下		018JJ131HJ03	1.16	02-10 14:08:30	通信正常	是	SDHD400003SY03
503井下		224JJ203HJ05	1.14	02-10 14:34:56	通信正常	是	SDCY400004SY01
07井下		155JJ201HJ02	1.07	02-10 14:35:32	通信正常	是	155JJ201HJ02
109井下		018JJ131HJ11	0.98	02-10 14:08:30	通信正常	是	018JJ131HJ11(SDHD400003SY...
2井下		457JJ201SW09	0.97	02-10 14:35:06	通信正常	是	457JJ201SW09
1304井口下		058JJ207HJ03	0.96	02-10 14:17:46	通信正常	是	SDHD230008SY02
#0109井下		018JJ131HJ01	0.95	02-10 14:08:30	通信正常	是	SDHD400003SY01
	香河	545JJ203SW09	0.93	02-10 14:34:52	通信正常	是	545JJ203SW09
0408井口下		196JJ206HJ06	0.89	08-08 18:57:51	通信正常	是	196JJ206HJ06
		545JJ203SW01	0.84	22-02-10 14:35:12	通信正常	是	545JJ203SW01
307井口下		029JJ211SW08	0.80	22-02-10 11:33:13	通信正常	是	029JJ211SW08
0603井下		083JJ127SW10	0.78	22-02-10 14:30:05	通信正常	是	083JJ127SW10
0103井口下	站	256JJ203HJ05	0.78	22-02-10 14:34:36	通信正常	是	SDCY450045SY05
0903井口下	河站	047JJ210HJ02	0.75	02-10 14:35:33	通信正常	是	SDHD400006SY02
1406井口下		058JJ207HJ10	0.72	02-10 14:17:46	通信中断	是	SDHD230006SY02
0102井口下		058JJ203HJ02	0.72	02-10 14:36:09	通信正常	是	058JJ203HJ02
0103井下		168JJ203HJ05	0.70	02-10 14:34:40	通信正常	是	SDCY450040SY03
		027JJ206SW03	0.70	20 02-10 14:31:37	通信正常	是	027JJ206SW03

图 5-14　水位数据实时展示

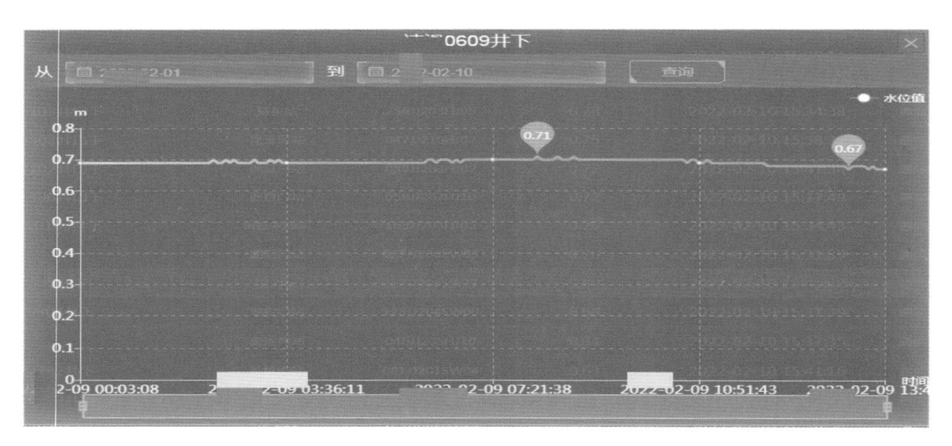

图 5-15　历史水位数据

2. 气体智能感知

平台端实现电缆通道内有害气体浓度、空气含氧量等环境参量连续不间断监测，有害气体至少包括一氧化碳、硫化氢及可燃气体三种，采用超低功耗传感器，测量范围一般要求：一氧化碳测量范围 0～572.5mg/m^3，硫化氢测量范围 0～139.0mg/m^3，氧气测量范围体积百分比为 0～30%，甲烷测量范围爆炸下限的浓度百分比为 0～100%LEL，测量精度小于 5%，响应时间小于 60s。其他种类气体应根据实际情况确定。测量误差及重复性：

（1）一氧化碳探头：≤±5.73mg/m^3；

（2）硫化氢探头：≤±6.95mg/m^3；

（3）氧气探头：≤±0.5%（体积百分比）；

（4）甲烷探头：≤±5%（爆炸下限的浓度百分比）；

（5）重复性：±2%。

当被监测气体含量异常时，平台端将自动发出报警，同时具备与通风设施联动的功能，气体智能感知如图 5-16 所示。

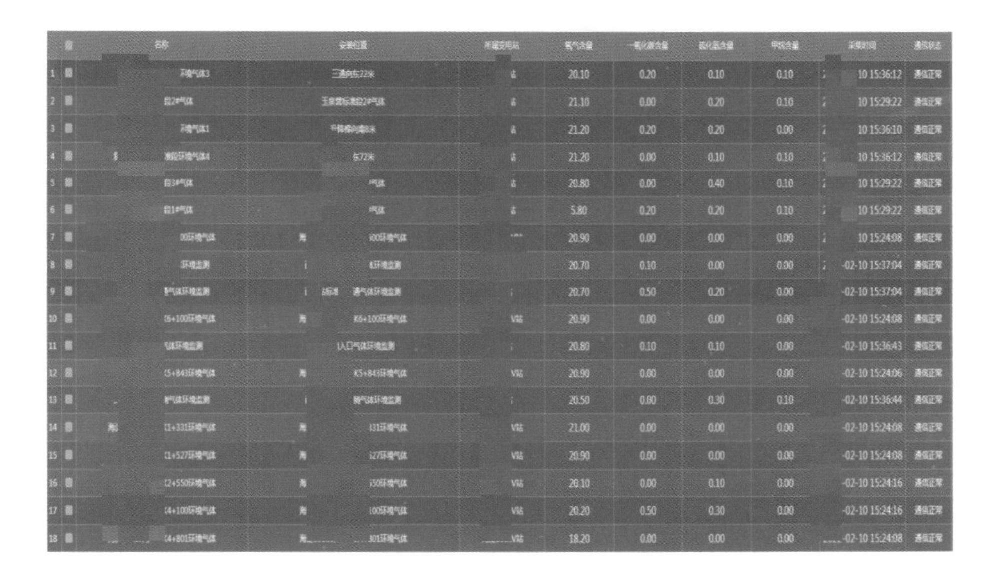

	名称	安装位置	所属变电站	氧气含量	一氧化碳含量	硫化氢含量	甲烷含量	采集时间	通信状态
1	环境气体3	三通向东22米	站	20.10	0.20	0.10	0.10	10 15:36:12	通信正常
2	段2#气体	玉泉营标准段2#气体	站	21.10	0.00	0.20	0.10	10 15:29:22	通信正常
3	环境气体1	向南8米	站	21.20	0.20	0.20	0.00	10 15:36:10	通信正常
4	准段环境气体4	东72米	站	21.20	0.00	0.10	0.10	10 15:36:12	通信正常
5	段3#气体	气体	站	20.80	0.00	0.40	0.10	10 15:29:22	通信正常
6	段1#气体	气体	站	5.80	0.20	0.20	0.10	10 15:29:22	通信正常
7	00环境气体	00环境气体		20.90	0.00	0.00	0.00	10 15:24:08	通信正常
8	环境监测	环境监测		20.70	0.10	0.00	0.00	-02-10 15:37:04	通信正常
9	气体环境监测	气体环境监测		20.70	0.50	0.20	0.00	-02-10 15:37:04	通信正常
10	6+100环境气体	K6+100环境气体	V站	20.90	0.00	0.00	0.00	-02-10 15:24:08	通信正常
11	气体环境监测	入口气体环境监测		20.80	0.10	0.10	0.00	-02-10 15:36:43	通信正常
12	5+843环境气体	K5+843环境气体	V站	20.90	0.00	0.00	0.00	-02-10 15:24:06	通信正常
13	气体环境监测	气体环境监测		20.50	0.00	0.30	0.10	-02-10 15:36:44	通信正常
14	1+331环境气体	331环境气体	V站	21.00	0.00	0.00	0.00	-02-10 15:24:08	通信正常
15	1+527环境气体	527环境气体	V站	20.90	0.00	0.00	0.00	-02-10 15:24:08	通信正常
16	2+550环境气体	550环境气体	V站	20.10	0.00	0.10	0.00	-02-10 15:24:16	通信正常
17	4+100环境气体	100环境气体	V站	20.20	0.50	0.30	0.00	-02-10 15:24:16	通信正常
18	4+801环境气体	801环境气体	V站	18.20	0.00	0.00	0.00	-02-10 15:24:08	通信正常

图 5-16　气体智能感知

3. 通道可视化监测

可视化监测装置可根据需求分为图像监拍装置和视频监测装置。

（1）图像监拍装置。具备对线路本体、通道状况等对象的图像采集、编码、传输、显示功能；具备自动采集模式和受控采集方式，能响应远程指令启动采集；具备休眠、远程唤醒以及远程重启功能；具备普光和夜视功能，并根据光照强度自动切换；对于户外用防外力破坏的通道图像监拍装置，具备智能识别功能，具备声光告警功能，利用声光告警单元发出语音、声光等告警信号的功能。

（2）视频监测装置。具备对线路本体、通道状况等对象的视频采集、编码、传输、显示功能；具备夜视功能，满足夜间监控需要；具备 24h 连续录像功能，录像采用循环覆盖方式；具备动态调整分辨率与帧率功能，并根据网络情况实现动态调整并回传；应具备录像检索与调阅功能，平台可检索与调用前端不同时段录像，图像监拍装置及视频监测装置技术指标分别见表 5-7 和表 5-8。

表 5-7　　图像监拍装置技术指标

技术参数	技术指标
像素	普光镜头不小于 800 万，夜视镜头不小于 200 万
夜视	≤0.001Lux 低感光强度
分辨率	图像分辨率不低于 1600×1200，视频（如有）分辨率不低于 720P
信息存储	循环存储不少于 30 天
图像采集	具备自动和受控采集方式
采集间隔	不大于 10min
扩展云台（可选）	旋转角度：水平 0～360°，垂直±90° 电动机转速：不低于 20°/s

表 5-8　　视频监测装置技术指标

技术参数	技术指标
像素	镜头不小于 200 万
最低照度	≤0.005Lux 低感光强度
变焦率	≥光学 18 倍
分辨率	不低于 720p
信息存储	循环视频存储不少于 7 天
工作模式	定时/自动
录像回放	通过主站从设备侧访问录像文件并播放，可按照时间检索录像文件列表，最低可检索 7 天的录像文件
扩展云台（可选）	旋转角度：水平 0～360°，垂直 - 15°～90°电动机转速：不低于 20°/s

图 5-17 显示为重要高压电缆隧道视频监控图片，可实时对通道内状况进行监测，对于了解通道运行状况、防止人员入侵有着重要意义。

4. 井盖智能感知

通过对电缆通道井上安装的井盖监控装置的数据采集，集中监控电力隧道井盖状态，实现电力隧道井盖远程开启、非法开启时及时报警并准确定位，实时状态和历史通信状态分别如图 5-18 和图 5-19 所示，可以对进出隧道情况做全时记录，并有效防止未经许可人员进入隧道。

图 5-17 视频监控

1	018JJ114JY08	HD450013002RJ01	站1#1408	东20米绿地内	路-南-隧道-26#井	通信正常	关闭	-11 21:41:18	否	否
2	018JJ112JY03	HD340045004RJ01	站1#1203	北草地	院路-西-隧道-3#井	通信正常	关闭	-11 21:41:45	否	否
3	018JJ105JY02	HD340018001RJ01	站1#0502	口人行道	城路-西-隧道-14#井	通信正常	关闭	-11 21:34:11	否	否
4	018JJ105JY03	HD340018002RJ01	站1#0503	楼东南角围栏外步道上	城路-西-隧道-13#井	通信正常	关闭	-11 21:34:11	否	否
5	018JJ105JY04	HD340018002RJ02	站1#0504	东南角围墙外步道上凉亭边	城路-西-隧道-12#井	通信正常	关闭	-11 21:34:11	否	否
6	018JJ105JY05	HD340018003RJ01	505	楼东南角围墙外步道上	城路-西-隧道-11#井	通信正常	关闭	-02-11 21:34:11	否	否
7	018JJ102JY12	HD340006002RJ07	212	西人行道上	南路-北-隧道-7#井	通信正常	关闭	-02-11 21:33:52	否	否
8	018JJ102JY09	HD340006003RJ01	209	楼南公园内	南路-北-隧道-4#井	通信正常	关闭	-02-11 21:33:52	否	否
9	018JJ102JY07	HD340006003RJ03	207	过西草地	南路-北-隧道-2#井	通信正常	关闭	-11 21:33:52	否	否
10	018JJ102JY06	HD340006004RJ01	206	口西边草地	南路-北-隧道-1#井	通信正常	关闭	-11 21:33:52	否	否
11	018JJ102JY05	HD340007001RJ01	205	10米，花坛边	路-北-隧道-22#井	通信正常	关闭	-11 21:33:52	否	否
12	018JJ102JY01	HD340007002RJ02	站1#0201	十字路口西北角绿化走廊边	路-北-隧道-18#井	通信正常	关闭	-11 21:33:52	否	否
13	018JJ101JY12	HD340007002RJ03	站1#0112	A口西三十米草坪内	路-北-隧道-17#井	通信正常	关闭	-02-11 21:33:46	否	否
14	018JJ101JY11	HD340007003RJ01	站1#0111	B出口50米草坪内	路-北-隧道-16#井	通信正常	关闭	-02-11 21:33:46	否	否
15	018JJ101JY10	HD340007003RJ02	站1#0110	B口东侧自行车棚边…	路-北-隧道-15#井	通信正常	关闭	-02-11 21:33:46	否	否
16	018JJ101JY07	HD340007004RJ01	站1#0107	一点草坪里	路-北-隧道-12#井	通信正常	关闭	-11 21:33:46	否	否
17	018JJ101JY06	HD340007004RJ02	站1#0106	动车道	路-北-隧道-11#井	通信正常	关闭	-11 21:33:46	否	否

图 5-18 井盖实时状态

平台端主要功能有：

（1）实时监控电缆通道井盖的状态，有源井盖具备本地硬接线智能联动、通过协议跨系统之间软件智能联动及平台远程进行遥控联动等三级智能联动功能。

（2）平台端能对各种异常状态发出报警信号，报警功能限值可修改，对设备本身电源不足、损坏等异常状态发出报警信号。

（3）井盖锁控装置在系统通电或断电状态下均处于锁定状态，系统通电时系统处于工作状态，井盖开启后相关数据应实时上传至精益化平台，历史开井记录如图 5-20 所示。

图 5-19　历史通信状态

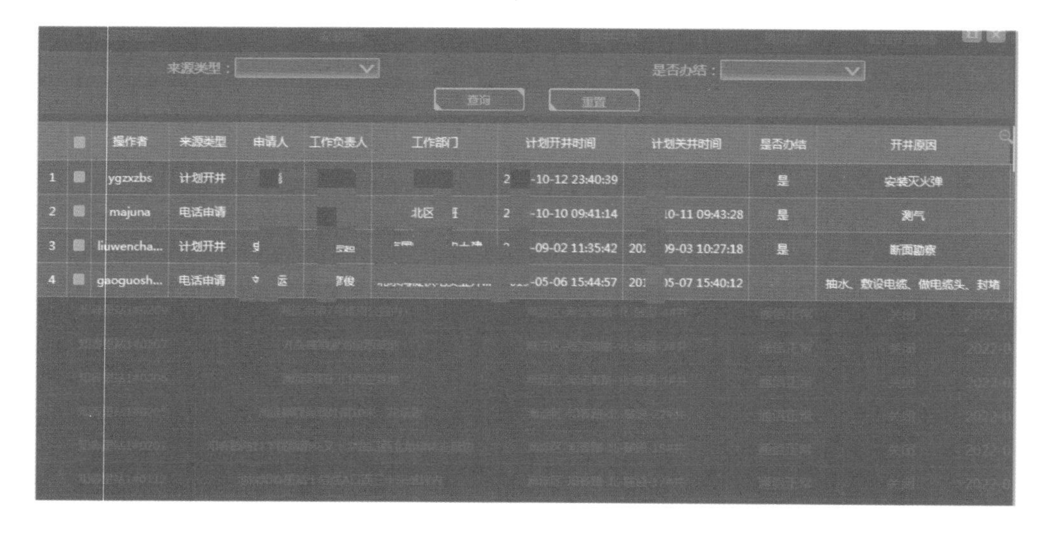

图 5-20　历史开井记录

5. 沉降智能感知

沉降监测装置应满足电缆通道的沉降及垂直方向形变的监测功能，其技术指标见表 5-9，平台端具备对形变量变化趋势记录与预警功能，实现实时掌握电缆通道形变及运行状态，有效防范外力破坏风险。

表 5-9　　沉降监控装置技术指标

技术参数	技术指标
量程范围	≥0.5m
测量精度	≤0.3mm

沉降智能感知图形反映装置液面由于振动而产生的上下位移（如图 5-21 所示），横坐标为时间，纵坐标为液面瞬时位移，单位为 mm，采集精度为 0.1mm，采集频率为 1 次/s，黄色虚线和红色虚线为液面位移变化的警戒线，根据相关沉降监测规程设定，分别为 0.6mm 和 0.9mm，当液位变化在警戒线以内时，说明振动轻微，当超过警戒线时，需要对隧道运行及沉降振动情况引起关注，状态图如图 5-21 所示。

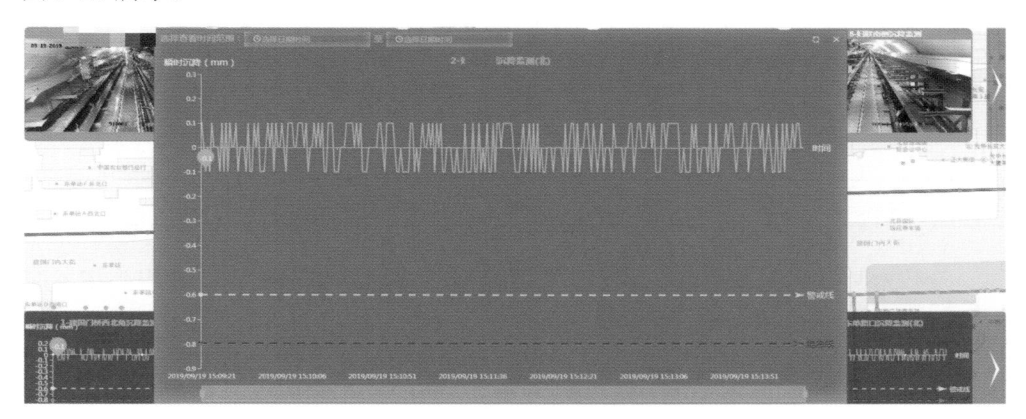

图 5-21　沉降智能感知

五、新型智能感知应用

1. 故障精确定位智能感知

高压电缆发生故障时，故障点电压和电流突变，将出现高频暂态行波，暂态行波信号从故障点向电缆两端传播,并在电缆两端和故障点之间来回反射和透射。基于行波原理的双端（多端）故障在线定位原理，是根据输电线路拓扑结构及线路参数（包括线路长度、线路上行波波速度等），利用故障行波浪涌到达测量端的绝对时间，确定故障点位置。高压电缆线路终端处暂态行波浪涌的提取技术、高精度卫星对时技术及暂态干扰信号的分析识别，实现高压电缆线路故障在线精确定位。

平台端主要功能为能够迅速精确定位电缆故障点的位置；对于架空-电缆混合线路，具备判别故障点位于电缆段还是架空段的故障区间判别功能；历史数据保存应不少于一年，包括工频电流波形、故障暂态行波、故障位置和相别等参数信息。故障精确定位装置技术指标应符合表 5-10 要求。

表 5-10　　故障精确定位技术指标

技术参数	指标要求
授时精度	≤20ns
测量通道数	≥3 个通道
高频电流传感器采样率	≥40MHz
高频电流传感器频率响应范围	0.1～50MHz
可监测线路长度	≥20km
定位精度	±5m
系统供电	太阳能/外接电源/TA 耦合取电

除基本故障定位功能外，感知平台端还具备多状态综合研判，并得到拓展应用，相应功能有：

（1）电缆运行电流监测。实时提取电缆线路的三相负荷电流数据，以数值或电流曲线的方式进行展示。当线路负荷发生异常变化时，系统能够自动录波，用于故障诊断。

（2）电缆终端护层接地电流监测。实时提取电缆金属护层接地电流，以数值或电流曲线的方式进行展示；计算接地电流/负荷电流比。当接地电流发生异常变化时，系统能够自动录波，对高压电缆金属护套多点接地故障及时告警。

（3）电缆缺陷放电预警。对前端监测装置采集到的电缆绝缘缺陷放电信号进行分析处理，最后结合放电统计结果，包括放电相位、放电频度、放电量等确定线路绝缘缺陷隐患，当确定线路存在绝缘隐患时，系统能及时发出预警信息。

（4）电缆终端头异常状态监测。分析采集到的电缆接头表皮温度和振动信息；当同一时刻发生电流异常数据触发、声波触发，即可上报接头异常状态预警信息。

（5）电缆终端头故障监测。实时监测电缆接头及环境温度、振动数据，通过故障电流与振动、温度联动，判断电缆终端头是否发生故障。

（6）电缆故障精确定位。当电缆发生故障时，通过高频波形分析，快速定位故障点距离，并且结合电缆路径探测信息，直接定位故障告警位置。系统应具备自动双端定位、人工校正定位等多种技术手段。

（7）线路故障区间判别。系统软件通过电缆线路故障录波分析处理，快速判断混架线路故障点所属区段（电缆-架空线），为线路运维的故障查找以及线路强投恢复供电，提供技术支持。

（8）电缆路径展示。通过高精度路径探测装置，将电缆长度与路径信息相关联，当电缆运行状态发生异常时，系统诊断结果匹配路径信息，更加智能化、可视化指导线路运维及故障应急抢修。

（9）电缆异常状态预警。通过综合监控电缆运行状态及故障时刻工频电流、行波脉冲、温度、声波等信息，针对电缆本体、接头及终端头故障类型，设置不同的故障触发阈值，并关联全部监测数据综合诊断，确保告警准确、无误报。告警信息包括：告警时间、线路名称、异常状态位置、电缆故障点位置、故障相别，模拟测试现场如图 5-22 所示。

图 5-22　非接触式行波信号模拟测试现场

应用测试。高压电缆在运行状态条件下，由于在测量端连接设备的不同，击穿信号在故障点和测量端的折反射根据设备的不同而有所差异，信号耦合是提取故障点击穿放电行波浪涌的关键，根据电缆终端关联设备及电缆线路接地方式，依据模型参数，仿真计算电压、电流行波信号的特性，确定耦合信号传感器的安装位置和设备参数。通过加压模拟高压电缆故障击穿情况验证非接触式行波信号传感器的性能以及间接验证整机性能指标。

（1）非接触式行波信号传感器试验。对某电力电缆进行串联谐振测试，电压升至 35kV 时击穿，实际故障击穿点位置距首端 1941m。

平台端采集的波形如图 5-23 所示，波形分析故障距离为 1939m，误差为 2m 以内。

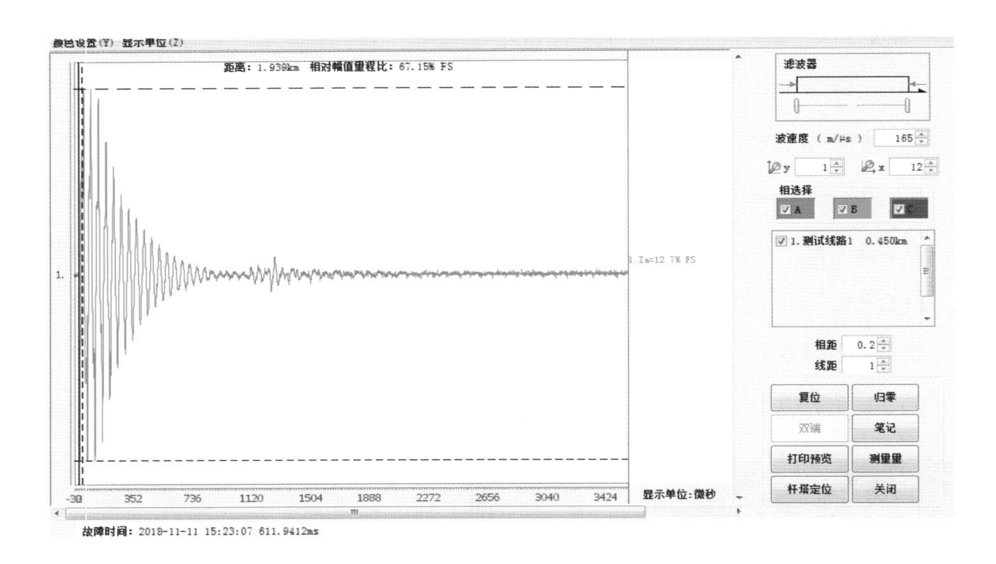

图 5-23 测试波形

（2）双端整体试验。双端整体试验使用高压信号发生器、非接触式行波传感器、放电间隙、行波测距等装置。高压信号发生器置于首端作为高压源，放电间隙置于末端模拟故障击穿。试验通过行波测距装置采集测试首端和末端的传感器的行波信号，平台端利用行波故障分析软件分析单端及双端测距的结果，如图 5-24 所示。

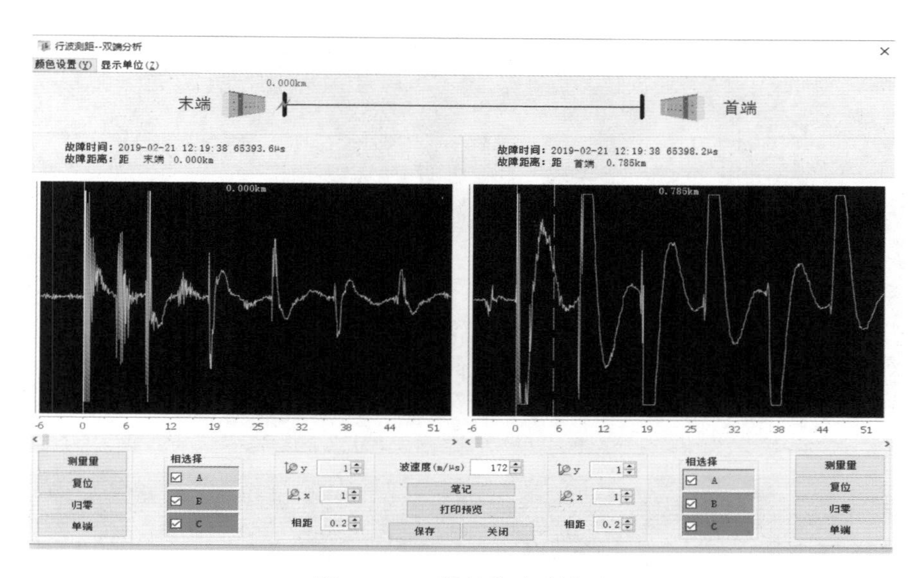

图 5-24 双端整体试验波形

试验结果显示，双端测距结果为距首端 785m。平台端在接收到首端和末端的测距波形后，会根据接收故障时 GPS 的时间自动给出测距结果，如图 5-25 所示，自动测距结果为距末端 0m，即距首端 785m 证明双端测距设备对于电缆故障的准确性更高。

2. 可视红外双光融合视频监测

基本功能方面，具备可见光与热成像功能，包含测温模块、带云台的可见光图像视频采集模块、微气象模块、主控单元、通信模块和电源模块，可实现对电缆终端场测温、视频、微气象的多维度监测；数据采集及平台展示方面，能采集并实时展示电缆设备本体和通道状况等图像视频信息，采集七维微气象数据，并叠加至画面，展示监测装置电源电压、电量百分比等表征电源性能的参量，根据采集参量的变化特征可设定采集间隔；存储功能方面，装置具备数据存储功能，图像类数据应循环存储至少 30 天，视频类数据可循环存储至少 120h。具体平台端双光视频各模块功能包含以下内容：

（1）图像视频监控。

1）具备实时视频浏览、定时图像抓拍（抓拍时间间隔可自行设置）、主动图像抓拍、自动轮巡等功能，如图 5-25 所示。

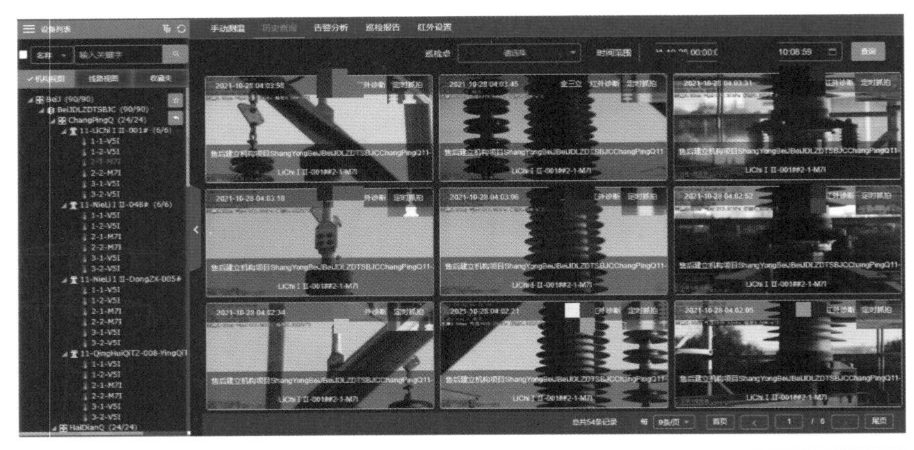

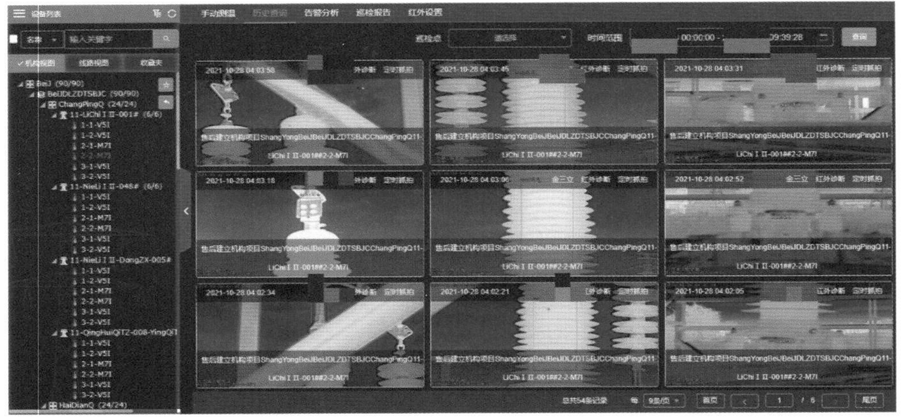

图 5-25　红外巡检抓拍

2）具备远程控制功能，包括云台控制、变倍控制、红外灯开关控制等。

3）可见光视频总像素不低于 200 万像素，分辨率不低于 1920×1080，光学变倍不低于 30 倍，最低照度不大于 0.001Lux，摄像头宜支持水平 360°，垂直−90°～+90°旋转，自动翻转，无监视盲区，3D 控球一键聚焦。

4）自动视频巡视模式应可选择可配置，配置内容包括运行周期、运行时间、巡视路线等信息，巡视历史信息可查询。

5）具备视频存储功能，前端采用 TF 卡实时存储，后端可随时调用录像文件，录像可采用循环覆盖方式。

（2）红外热成像。

1）融合非均匀性校正、数字滤波降噪、数字细节增强等图像处理技术，支持多种伪彩模式，测温精度不低于±1℃。

2）具备热成像与可见光双光融合功能；在实时红外热图上，应具备手动测温功能，支持全局测温、点测温、区域测温；应具备热成像画面最高温点追踪功能，如图 5-26 所示。

图 5-26　可见光及红外测温

3）具备定时测温巡检功能，可按指定时间间隔批量生成巡检任务，可选择测温部位，配置多条巡检路线，同一预置位可配置多个测温目标。

4）具备自动红外诊断分析及告警功能，当温度或者三相温差超过所设阈值时，应能自动告警，应具备自动生成、在线查看、一键导出红外巡检报告功能。

（3）微气象。

1）具备七维微气象功能，能够对现场环境的温度、湿度、风速、风向、雨量、光照强度、气压进行实时测量，如图 5-27 所示。

2）测量范围及精度，温度：−40～+80℃，误差±0.3℃；湿度：0～100%，误差±2%；风速：0～60m/s，误差±0.2m/s；风向：可设置基准点，0～359.9°，误差±3°；雨量：单位为 mm，误差±5%；气压：300～1100hPa，误差±1hPa；光辐射：0～1800W/m^2，误差±5%。

对某重要电缆线路终端塔安装双光视频，实现对终端塔电缆设备的可视化监测及自动红外测温和诊断，巡检报告和三项温差比较等相关应用情况如图 5-28 和图 5-29 所示。

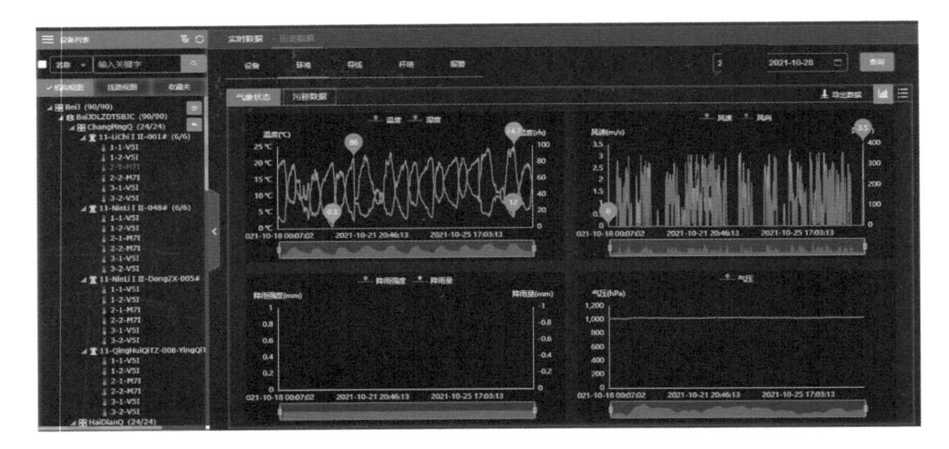

图 5-27　微气象数据展示

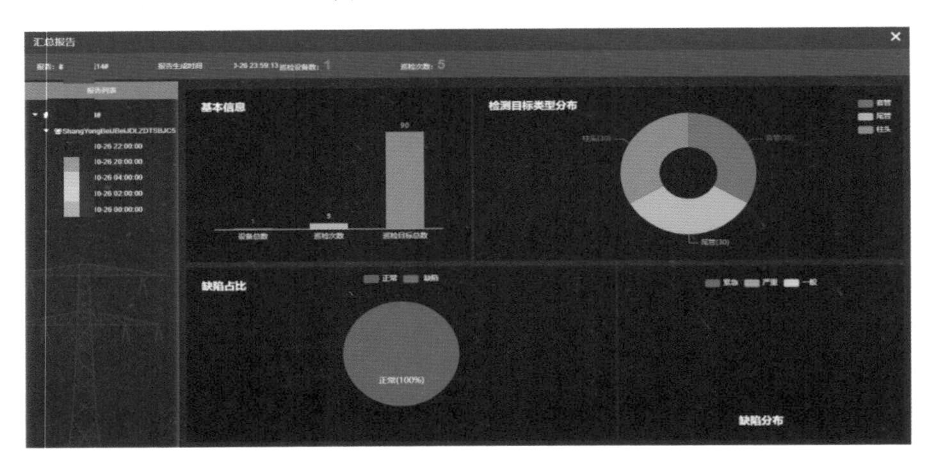

图 5-28　巡检报告总览

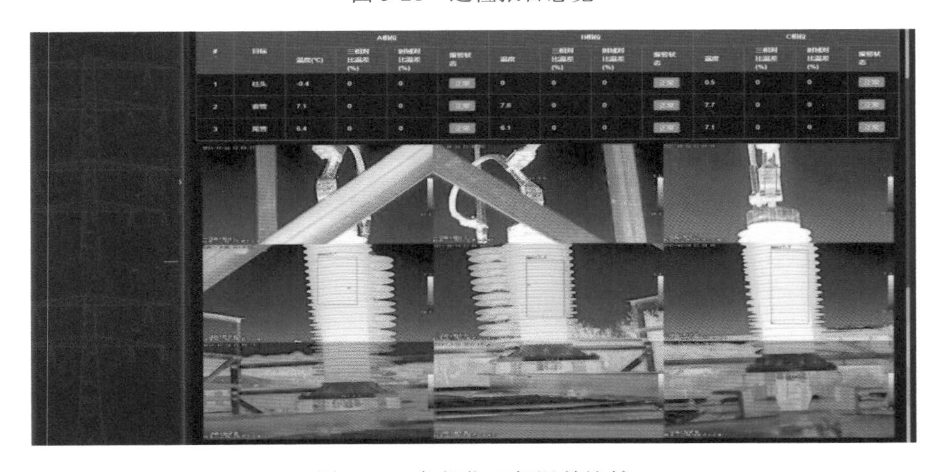

图 5-29　各部位三相温差比较

3. 电缆通道光纤振动防外力破坏监测

电缆通道光纤振动防外力破坏监测系统由分布式光纤振动传感监测主机、解析主机以及防外力破坏监测平台组成，主机设备全部安装在变电站通信室的同一屏柜内。监测主机利用管道内已铺设含通信业务光缆内光纤，可实现同沟敷设高压电缆沿线外力破坏隐患的全天候监测。

感知平台端主要功能是实时监测电缆通道的振动信号，并以波形、图谱、文本等方式实时显示振动信号沿电缆通道的分布情况；能实时定位振动信号，对振动点的位置变化进行连续测量与记录，连续记录时间不少于一周；监测到异常振动信号后，应能通过跟踪分析信号波形、位置等信息，准确判定是否为外力破坏威胁事件，并通过声音、光、信息推送等方式报警。技术指标见表 5-11。

表 5-11 电缆通道光纤振动防外力破坏监测装置技术指标

技术参数	指标要求
测量长度	≥10km
定位准确度	≤10m
测量灵敏度	≥0.5m/s^2
报警响应时间	≤60s

感知平台界面展示内容主要包括光缆路径图和事件信息。光缆路径图为系统标定的光缆路由和标记外力破坏事件等级及具体位置；事件信息为相应外力破坏事件的详细信息列表，包括历史事件信息查询、统计分析等功能。系统利用采集信号参数值（频率、幅值、区间等）与统计学方法相结合的方式建立智能识别分析模型。首先通过判断信号幅值，过滤出强度比较大的信号，这些信号可能由大型机械施工的外力破坏事件引起；然后通过对上述可能存在外力破坏隐患的信号进行频谱和信号宽度分析，根据频域信号的特征，以及与历史信号特征对比，对信号分类；最后对已完成分类的信号，记为识别过程已经完成，对于未能够识别的信号，可进一步通过统计特征值分析，得到信号类别。系统规划通过内网布置该展示平台，以电缆精益化管理平台为例，在变电站通信室安装主机设备后，通过站内综合数据网连接，即可实现电力监控中心的 Web 网页访问防外力破坏监测

预警系统平台，查看外力破坏隐患详细信息。同时通过在系统通信模块上配置网络接入技术（access point name，APN）专网卡，即可向该防外力破坏监测系统使用班组的运维人员手机发送预告警短信，运维人员根据告警级别给出处理办法。该系统不仅实现了全线高压电缆的状态监测，也起到了外力破坏预警作用，有利于及时掌握高压电缆是否遭受外力破坏以及危险级别。

在高压电缆走廊现场有机械振动施工时，系统后台发现并告警施工隐患点，同时发送施工外力破坏的预警短信通知运维人员，运维人员根据预警级别，现场确认并制止可能损害高压电缆正常运行的施工隐患。现场应用时频域分析算法后，常见机械振动源信号的识别率如图 5-30 所示。

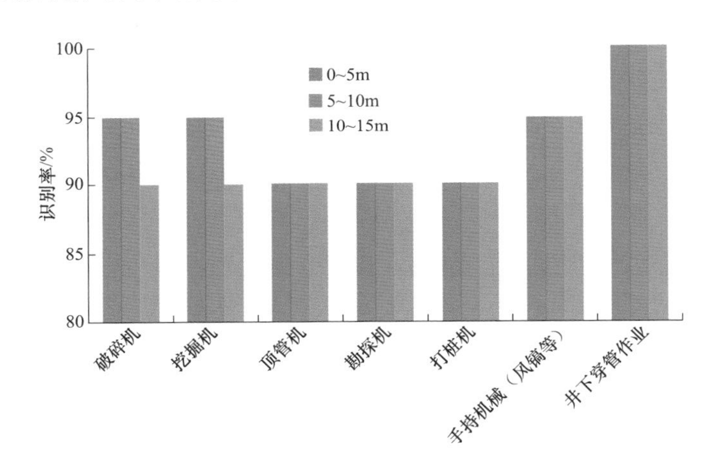

图 5-30　机械振动源信号的识别率

现场验证和应用效果表明：基于分布式光纤振动传感的高压电缆防外力破坏监测预警系统能够准确识别高压电缆是否遭受外力破坏并定位其位置点，同时通过模式识别可判断其外力破坏隐患类型和级别，能够实现提前预警高压电缆外力破坏事件。该系统利用光时域反射仪 OTDR 技术可实现外力破坏振动信号的精准定位，能根据识别结果分等级进行预告警，尽可能避免短时无效事件的误告警，形成了完善的外力破坏信息可视可控。

通过应用该系统，高压电缆线路运维人员在日常巡视的基础上，增加了全天候高压电缆线路状态的特殊监测手段，运维管理人员可依据系统提示的预告警信息级别做出决策，并快速抵达现场进行安全排查或通知现场人员停止破坏性施工，有效提高了防外力破坏效率，在一定程度上也提升了高压电缆的运维管理水平。随着城市更新改造及城区范围的扩张，架空线路改造为高压电缆的需求越来越大，与此同时，市政工程施工改造也逐年增多，高压电缆遭受外力破坏的环境愈加恶劣，针对特定情况应用有效的高压电缆防外力破坏监测预警很关键。

4. 通风亭防外力破坏监测

隧道内的电缆输送巨大电能的同时往往会产生较大的热量，若隧道内部通风效果不理想，隧道内的温度就不断升高，电缆线路的输送容量也因此会受到限制。更严重的情况，如果隧道内有易燃物，则隧道内环境温度过高会有极大的火灾隐患。为满足电力隧道正常运行的温度环境要求，需要对电力电缆隧道进行通风设计。随着电力公司电力隧道通风亭数量迅速增加，现有的通风亭的安全防范工作面临新的问题，如何能有效防范针对电力隧道通风亭的人为破坏和非法入侵，以及恶意破坏，提高电力隧道整体安全等级，防范针对通风亭的恶意破坏行为，采用现代化的技术手段来提高电力隧道通风亭的安全防范水平是当务之急。

电力隧道通风亭多状态智能感知平台端具备以下功能及特点：

（1）实现对通风亭的百叶窗远程监控；当有百叶窗遭到恶意破坏时，安装在百叶窗的门磁探测器会向指挥中心发起告警，提示后台人员第一时间作出反应。

（2）在通风亭内安装温度探测器，感知平台端可对通风亭的火灾以及异常温度进行监控。

（3）通过安装在电缆通道内的远程状态监测控制单元，平台端可以实现对电缆通道内风机、水泵、防火门及照明设备运行状态连续不间断远程监测及远程控制启闭，控制方式应支持自动联动控制与远程手动控制模式。

该实时监控平台的核心模块为应用服务器，应用服务器对多个模块提供采集数据、上报数据、数据分析、数据整合等多种功能。针对监控系统中设备的不同，根据接收数据类型的不同，可以接收数据、语音、短信、视频等多种数据格式，并实现监控设备控制、校准等功能。平台端应用通过使用浏览器与客户端软件的形式提供直观的数据、图表、仿真GIS地图展示界面，并响应监控设备的控制操作。监控管理模块通过表格列表、组态卡片图、仿真GIS地图等形式来表示数据。报警产生的时候，能够实时地显示报警发生的设备，根据报警级别的不同显示为不同颜色，允许用户查看告警的详细信息，并进行告警确认。根据数据类型的不同，监控管理模块还能以曲线的形式显示历史数据，便于进行统计分析。对应于每一个组态设备，模块通过图形、动画、仪表盘、标尺等直观形式显示设备当前的状态。

5. 智能巡检机器人

高压电力电缆隧道智能巡检机器人系统综合应用人工智能与模式识别、多传感器融合技术、大数据存储、视频摄像头技术，对高压电力电缆隧道进行无人化智能巡检，及时向感知平台返回设备状态和隧道环境状态，实现城市输电电缆隧道整体监控、高效联动、集中管理。充分发挥机器人精度高、反应灵活、全天候的优点，结合智能化检测装置以及智能分析软件，完成了全天候数据快速采集、实时信息传输、智能分析预警到快速决策反馈的管控闭环，加强了电力设备管理能力，确保电网安全稳定运行，提升电网智能化管理水平。对高压电力电缆隧道安全和现代化的管理，保证安全供电与隧道安全有深刻的意义。

智能巡检机器人利用智能语音识别、移动终端和中控端控制巡检机器人行走到指定位置，通过关键技术准确获取外界环境信息，检测对象相应指标数据，并将相关数据采集收集传输到客户端，是一种适应于多种环境下具备多种功能的移动设备。目前智能巡检机器人类型多样，从移动方式来看大致包括三种：轨道悬挂式、地面移动式以及管道滚动式。三种机器人分别对应完成不同领域或工作环境下的巡检工作。智能巡检机器人根据功能属性，其作用主要表现为：日常巡检，能够定时、定点、定轨迹进行巡检工作；视频监控采集数据，通过自带摄像头智能识别检查项目，采集巡检对象相关信息，并传送回相应的数据；采集数据分析，将采集回来的数据分析判断筛选，结果输送到用户客户端，提高工作效率；自主导航回充，当巡检任务结束后，能够根据充电桩发出的信号回航充电。其主要功能包含视频图像采集、气体检测、红外成像测温、噪声采集、温湿度、气体采集及联动控制系统，使用视频图像采集、气体传感检测、红外测温、温湿度检测、拾音检测等手段，实现隧道内设备装置智能感知。

将各类监测信息整合、集成，以地理信息数据方式表达，可实现各种监测数据的查询、分析、预警及综合展示，提高电缆运维能力，保障电缆设备安全可靠运行。检测所得的所有数据可在后台集控平台中查看、处理和分析。

（1）视频图像采集。通过可见光相机，隧道巡检机器人能够回传电缆本体、隧道通道的视频与图像，同时记录拍摄的数据。通过图像识别技术，隧道智能巡检机器人能够识别隧道内的表计、指示灯等设备，智能读取数值与状态栏。

（2）红外测温。隧道巡检机器人配备了红外摄像仪，不仅能够实现电缆本体、接头、接地线的红外成像在线测温、监测数据联网传输，还能实现周期性检测与快速响应，数据保存于后台中，为故障分析预测提供了数据支持。

（3）拾音检测。电缆隧道是一个封闭、安静的空间，电缆一旦出现故障，运行时会产生噪声，机器人通过拾音器搜集隧道内声音波普等信息，与正常波普比对后，能够及时分析隧道内异常情况，为隧道内电缆故障的定位与及时预警提供条件。

（4）气体、温湿度检测。隧道巡检机器人配备 CO、CO_2、O_3 等气体传感器和温湿度传感器，可实时检测本体周边气体与环境监测，保障运维人员人身安全；同时在隧道内固定位置安装分布式气体检测设备，涵盖 SF_6、CH_4、CO、CO_2、H_2S、温湿度的监控。可实现全隧道环境实时检测，一旦发现问题，及时与环境设备联动，快速解决异常。

（5）环境监测，设备联动。为环境检测设备加设通信功能，将其连入机器人巡检系统，统一分析处理采集的信息。系统与风机、水泵、门禁等联动，实现隧道内环境的自动化管理，辅助决策功能。

某 500kV 重要电缆隧道已应用两台隧道巡检机器人，如图 5-31 所示。

（a）实时画面

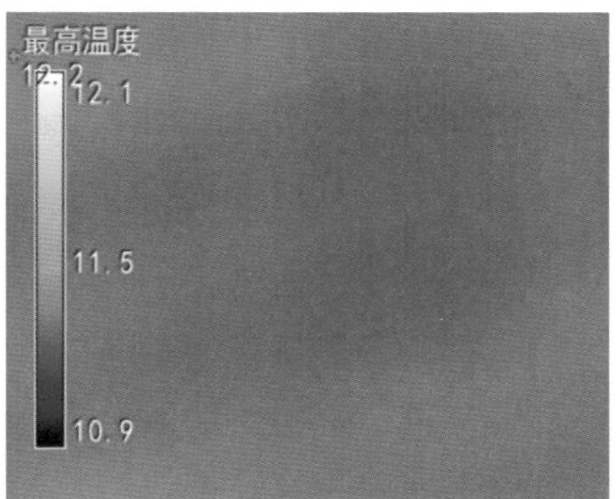

（b）测温图像

图 5-31　某重要电缆隧道智能巡检机器人实时画面及测温图像

第三节　状态智能感知与业务融合

电缆智能感知系统通过专网实时接入高压电缆精益化管理平台，各类感知数据与精益化平台各类业务数据融合交互，为业务联动、生产决策分析提供可靠数据支撑。平台实时展示智能感知数据运行状态，接收并展示各类智能感知系统报警信息，按系统类型分别展示电缆及通道智能感知装置数据异常情况，汇集展示状态异常电缆线路及通道的设备、设施的感知数据和诊断结论，根据感知数据报警情况，推送至巡视管理、带电检测管理、检修及试验管理等模块，自动生成相应工单并发送至设备运维管理人移动作业终端，开展现场排查处置工作，确认正确后的报警信息及相关结论可转入相应模块，实现安排相应处置任务功能，转入模块包括“六防”管理、缺陷管理、故障管理、状态评价管理模块。

一、巡视管理

根据感知异常告警数据，结合运维规程生成风险预警特巡、保电特巡等巡视任务；结合隐患管控、缺陷管控、带电检测、检修模块等数据更迭式生成动态巡视计划；结合移动终端进行现场作业的接收和回传，管理移动巡检工作，推送移动巡视任务，管控移动巡视执行情况，监督巡视巡检到位率，汇聚巡视现场及问题，生成缺陷/隐患单，巡视任务池及过程数据如图 5-32 和图 5-33 所示。

图 5-32　巡视任务池

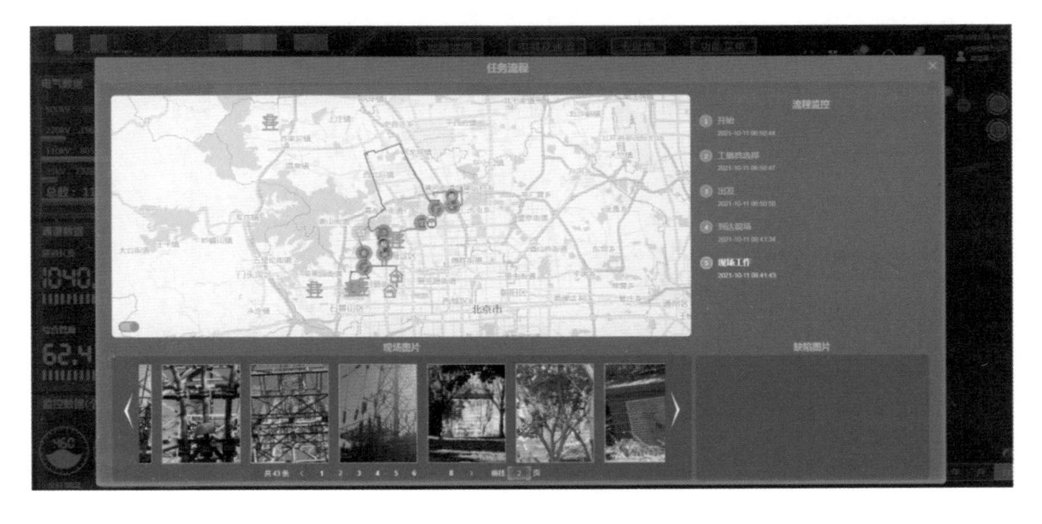

图 5-33　巡视过程数据

巡视人员在巡视过程中发现反外力情况后，在移动终端进行填写反外力任务相关信息并同步至精益化平台，平台根据任务信息自动下发至相应班组人员进行反外力定期巡视，管控人员可实时查看反外力位置信息、人员巡视情况，实现对反外力情况的全过程管控，如图 5-34 和图 5-35 所示，提升巡检作业效率。

图 5-34　反外力大工地统计

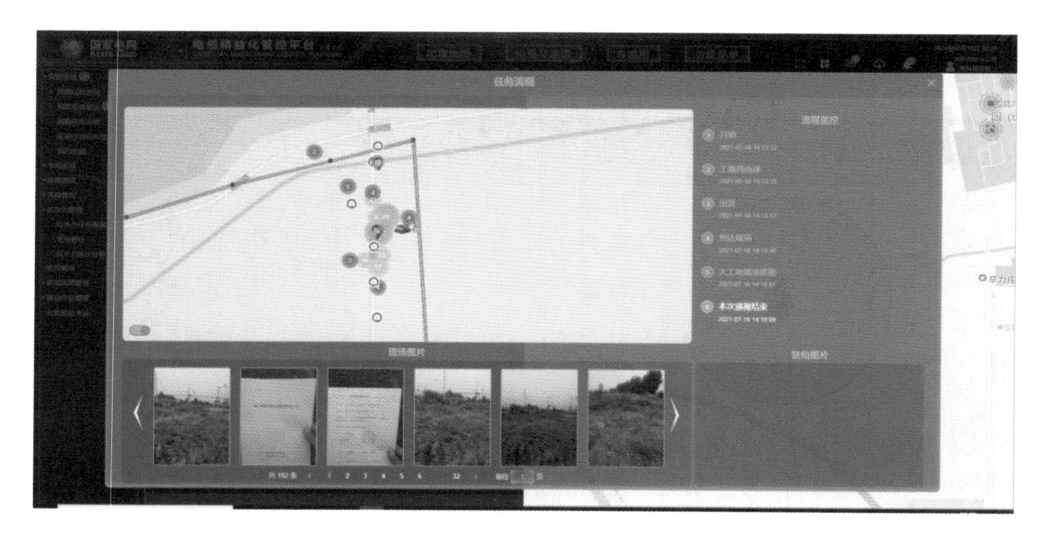

图 5-35　现场外力巡视信息

二、缺陷管理

对专项排查、巡视、带电检测、试验或智能感知中发现的电缆线路及通道缺陷利用移动终端进行数据上传及任务派发管理，如图 5-36 所示，归集缺陷类型、缺陷来源、缺陷等级等关键信息，如图 5-37 所示，实现缺陷审核、缺陷查询、缺陷消除管理等功能，管理缺陷处置典型经验，形成缺陷治理案例库。

图 5-36　缺陷管理任务

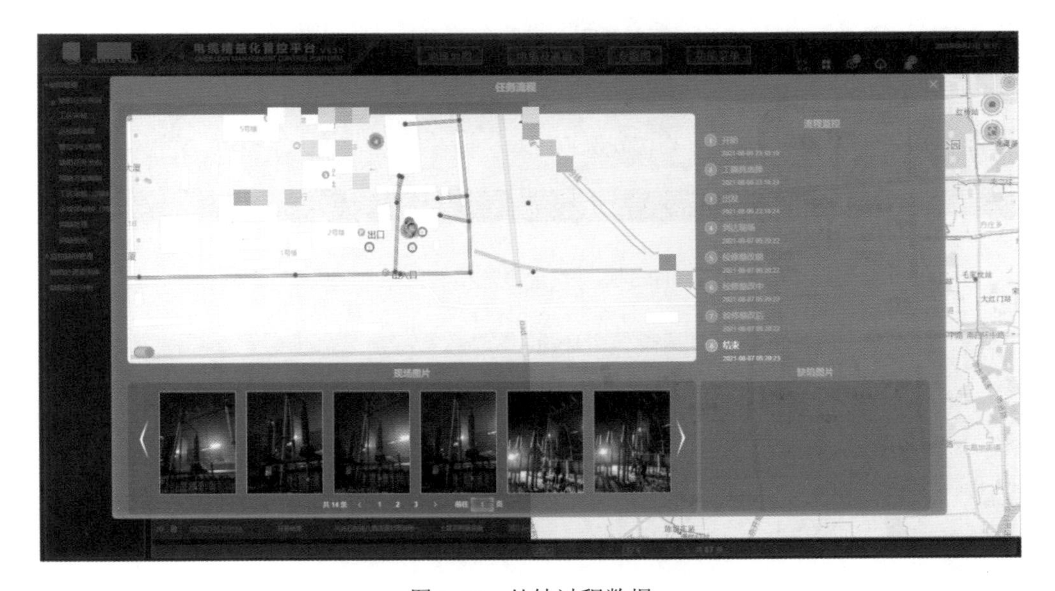

图 5-37　处缺过程数据

三、带电检测管理

智能感知数据推送异常告警后，通过平台端联动下带电检测任务，现场检测人员利用特高频局部放电检测、高频局部放电检测、超声局部放电检测、电缆负荷检测、接地电流、红外热成像对现场进行带电检测，通过移动终端和新型“多合一”带电检测设备的有效结合，获取设备的运行状态，如图 5-38 所示，有效的评估设备运行的健康状况，实现对局部放电、接地电流和红外热成像的检测数据实时回传，如图 5-39 所示，超前防范事故隐患，保证供电可靠性，降低事故损失，提高工作效率。

图 5-38　接地电流检测数据

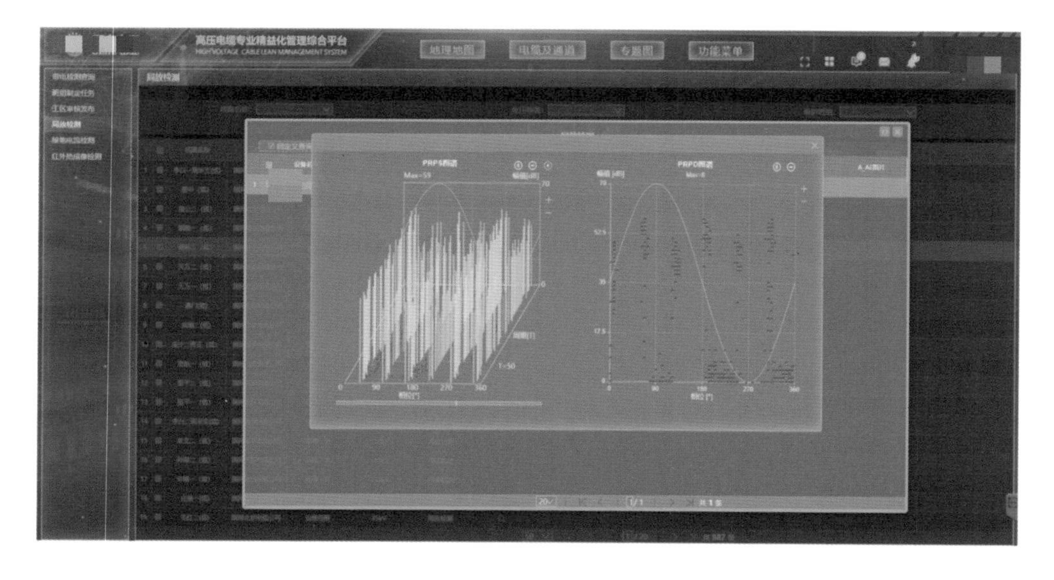

图 5-39　带电检测局部放电数据展示界面

四、检修及试验管理

智能感知数据推送异常告警后，精益化平台根据线路状态、检修规程调整制定周期的检修计划，形成检修及试验任务池，如图 5-40 所示，检修计划中包括：检修线路、检修时间、负责人、关联上次检修报告，在检修计划执行时间前，推送现场勘测计划到负责人，现场检修完成后按照检修计划提交检修报告，上传试验报告，并给出检修结论，对于检修中发现的问题设备推送缺陷流程。

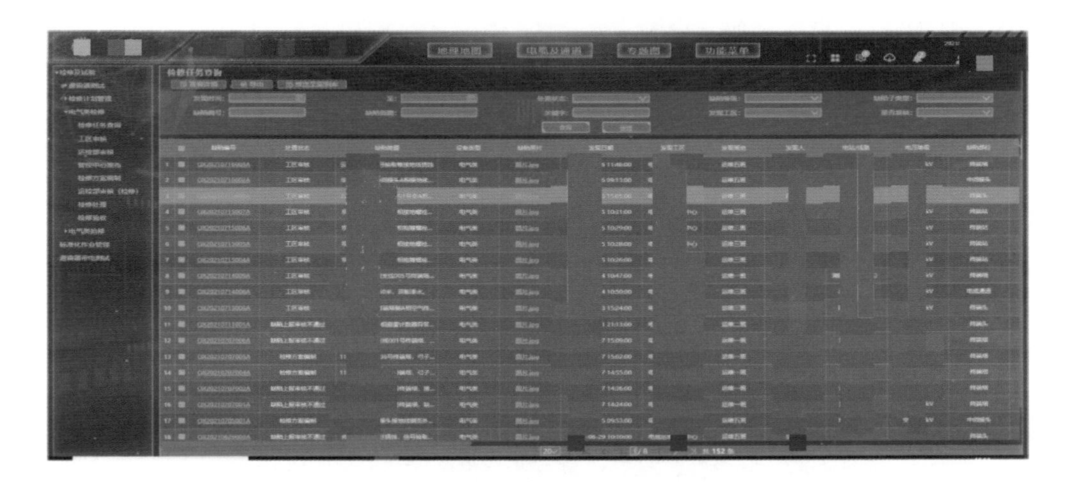

图 5-40　检修及试验任务池

对巡视过程中、智能感知平台故障精确定位模块中发现的电缆线路故障信息进行归档管理，故障管理界面如图 5-41 所示，通过故障登记、故障分析、故障验收等环节形成标准化的故障处理流程，具备按故障类型、故障原因、故障发生时间、处理状态查询故障记录功能，可录入故障分析原因，形成电缆线路故障案例库，故障详情查询界面如图 5-42 所示。

五、“六防”管理

对智能感知、专项隐患排查、巡视、带电检测或试验中发现电缆线路及通道隐患进行归档管理，归集隐患类型、隐患来源、隐患等级等关键信息，实现隐患审核、隐患查询、隐患消除管理等功能，管理隐患处置典型经验，形成“六防”隐患治理案例库，如图 5-43 所示。

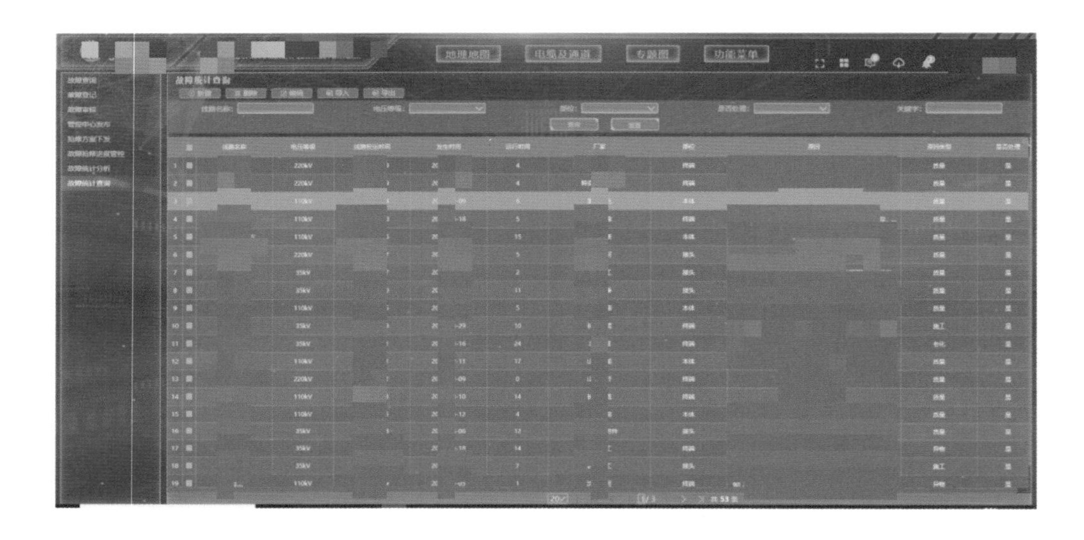

图 5-41　故障管理界面

图 5-42　故障详情查询界面

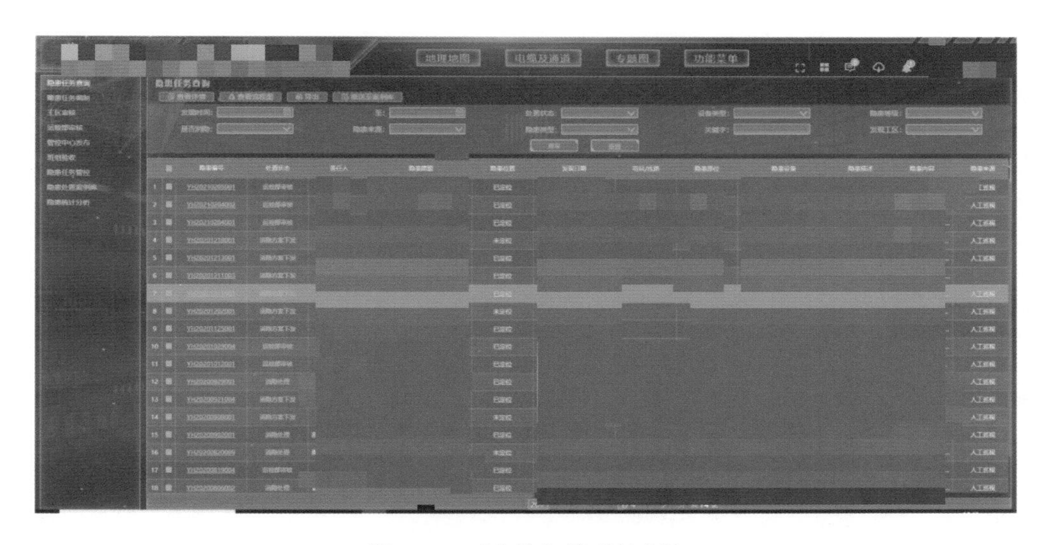

图 5-43　“六防”管理任务池

平台根据高压电缆线路状态评价表建立评价打分系统，并对打分项对应条目建立与智能感知、巡视管理、“六防”管理、缺陷管理、故障管理、带电检测管理、检修及试验管理模块中数据的关联映射关系，实现高压电缆线路状态动态评价，系统显示状态如图 5-44 和图 5-45 所示。纳入相应模块数据动态开展电缆线路状态评价与治理案例维护，辅助检修计划制定，接收运行可靠性评估诊断结论及信息。

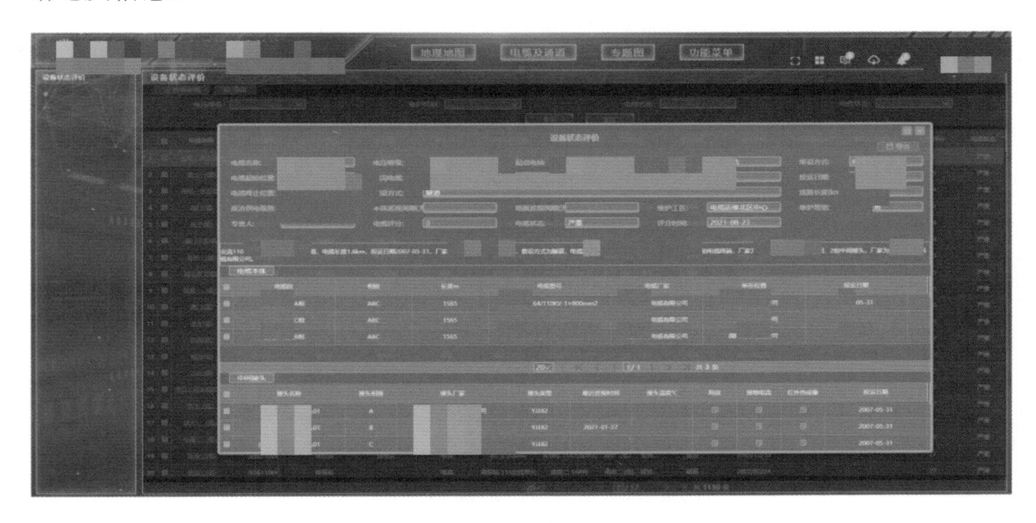

图 5-44　“六防”管理统计

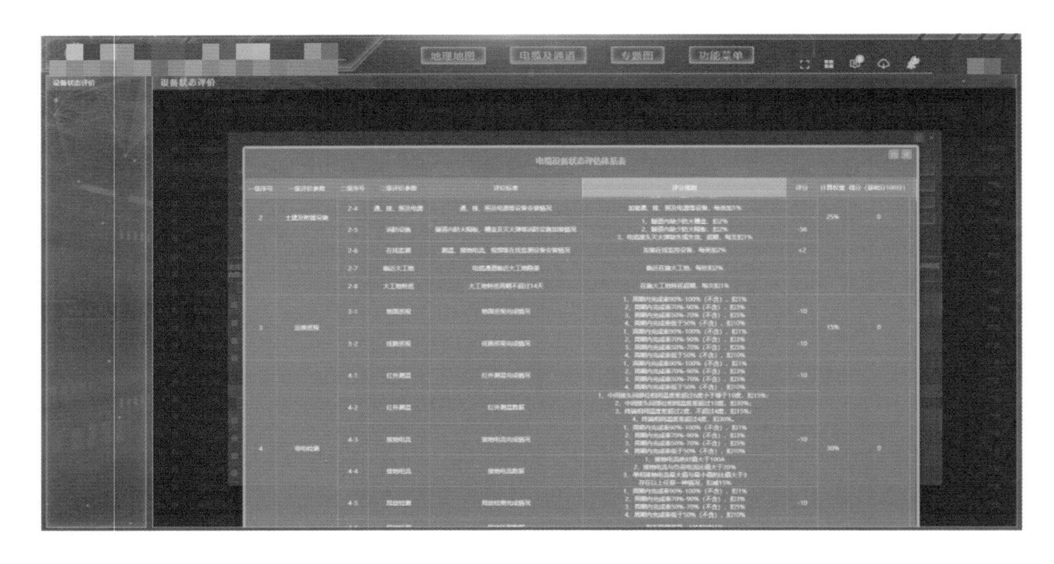

图 5-45　状态评价评估体系评分表

第六章
电力电缆缺陷与故障判别典型案例

前文介绍的设备在日常生产工作中，均得到了广泛运用，现将运用感知设备对故障进行预测和诊断的典型案例进行详细介绍。

第一节　电缆本体类

一、分布式光纤测温系统

案例一：发现 110kV 某线路接头温度异常缺陷。

某日精益化系统光纤测温曲线显示，某 110kV 线路 3600m 处温度异常，瞬时温度最高达到 62.4℃，运维班组立即对该线路 3、4、5 号组接头负荷、接地电流、环境温度进行逐一检测，与上次巡视数据对比，线路负荷、接地电流、环境及本体温度均有升高，如图 6-1 所示。

由于该线路为重点保障线路，此后连续三日每天向运管中心核实设备温度情况，同时班组组织运维人员对该线路全线设备进行二次巡视检测，最终在对 5 号接头进行检测过程中，发现 5 号接头 A 相接头有局部发热现象，经仔细对比发现尾部上、下侧局部位置温度有差异，温差达 10℃左右，如图 6-2 所示。目前此情况已上报运管中心与运维检修部。并联系检修人员开展处缺工作。

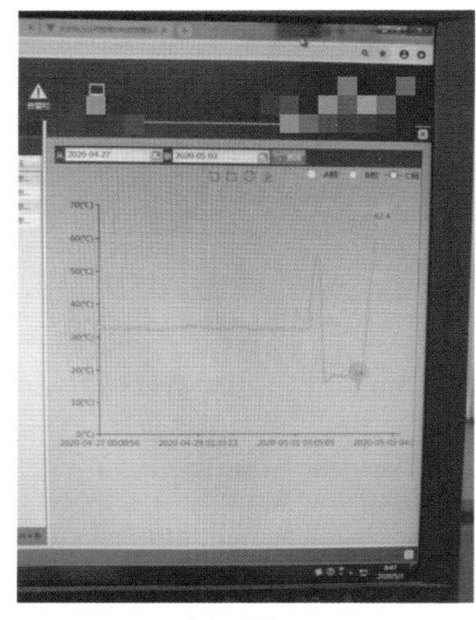

（a）系统

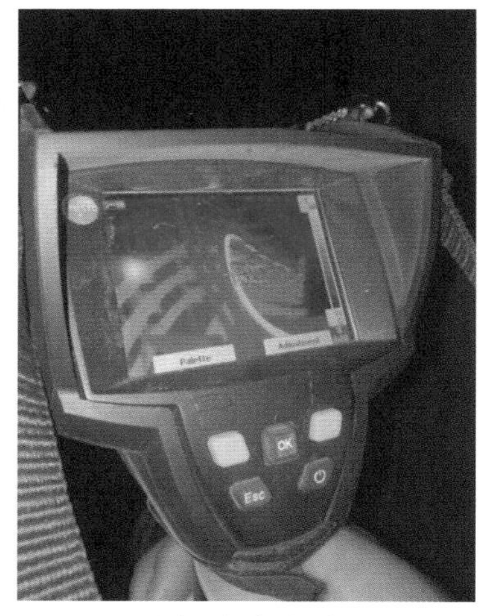

（b）现场实测温度

图 6-1　系统及现场实测温度情况

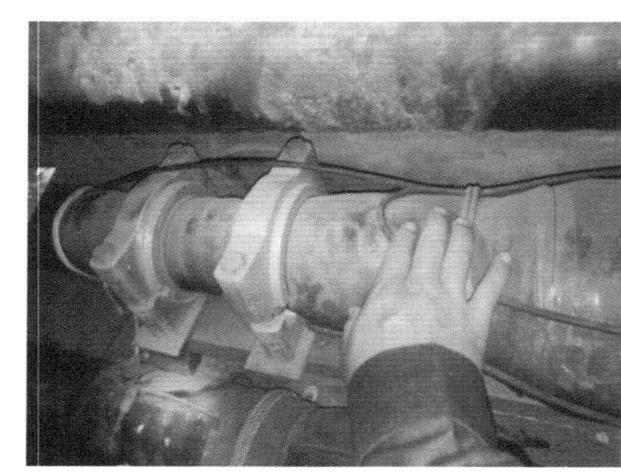

（a）局部发热处

（b）实测温度

图 6-2　局部发热处及实测温度情况

案例二：发现热力管线向隧道内透水。

某日运行监控中心通过电缆网运行监控系统发现 220kV 某线路在 2100～2346m 处温度异常，电缆最高表面温度达到 72.91℃（温度曲线如图 6-3 所示），较正常水平升高了 57℃（温度历史曲线如图 6-3 所示）。发热区段隧道中有 4 条主网电缆线路。

通知运行人员查看，经现场核实后为热力管线向隧道内透水。随后通过市政管委与热力公司相关人员取得联系。热力公司人员到达现场核查后准备对事故进行处理。

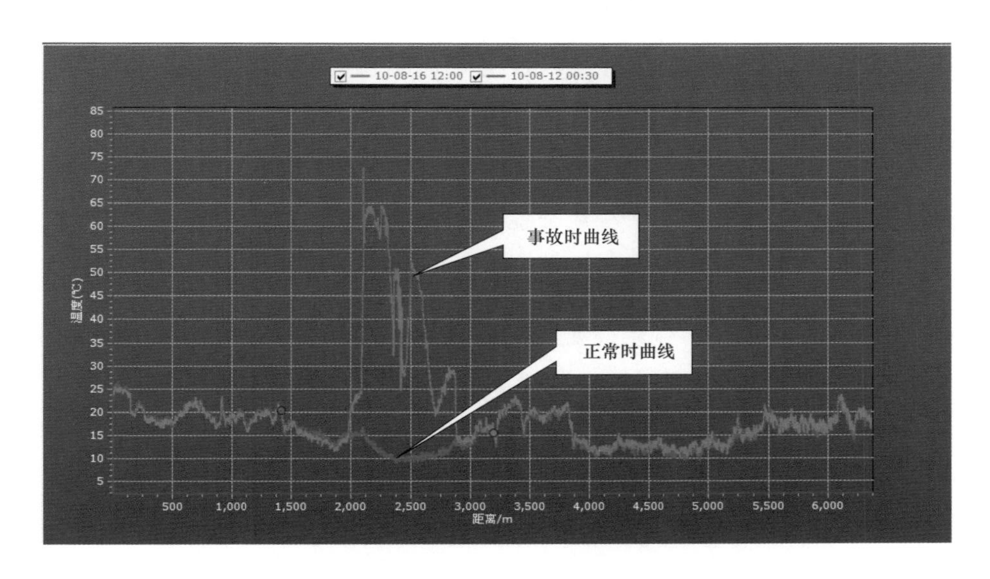

图 6-3 该电缆温度历史曲线与异常曲线对比

二、接地电流智能感知系统

发现中间接头硌伤缺陷。

某 110kV 线路中间接头接地电流高且三相不平衡。中间接头接地电流值为 A 相 99.3A、B 相 1.2A、C 相 20.1A、T 相 0.5A。智能感知系统显示中间接头接地电流值如图 6-4 所示。

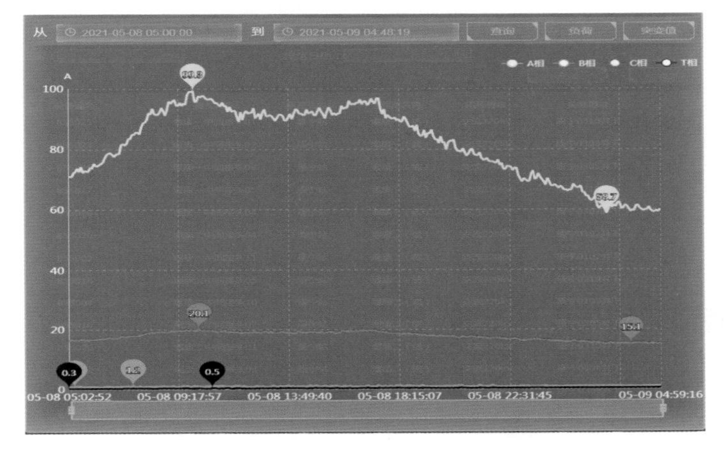

图 6-4 智能感知系统显示中间接头接地电流值

经运维班组现场核实，中间接头 B 相接头部位温度异常（95.2℃）。已通知检修人员到现场进行处理。检修人员到达现场后，发现 7 号中间接头 B 相铜壳部分绝缘外层被接头托架轻微磕伤，形成接地环流，造成局部发热。检修人员对接头两端同时小幅度吊起，待温度恢复正常后，用绝缘带材包缠磕伤位置，在接头底部放置绝缘板、垫上绝缘皮，轻放接头至原位并紧固，复测结果正常，危急缺陷处理完毕。通过电缆精益化系统观察，中间接头接地电流数值恢复正常。处缺前后中间接头接地电流值变化情况如图 6-5 所示。

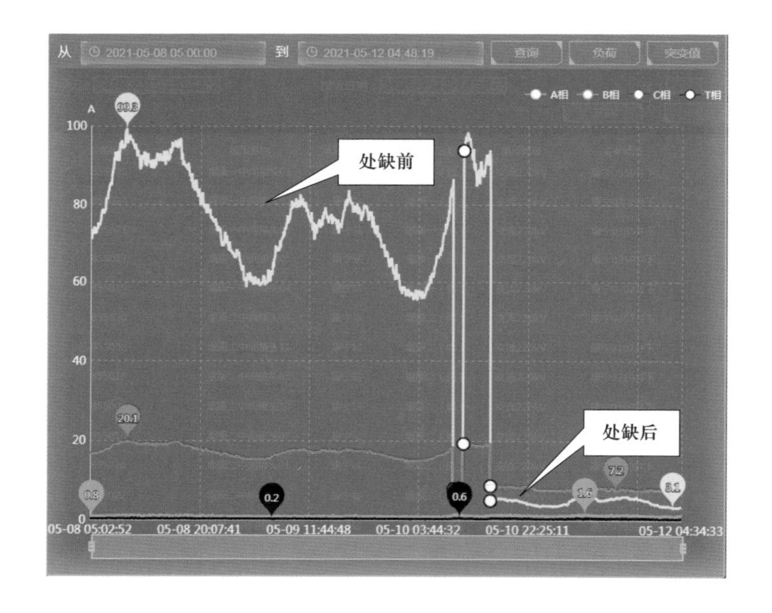

图 6-5　处缺前后中间接头接地电流值变化情况

第二节　通 道 环 境 类

一、通道可视化监测系统

通道可视化监测系统发现隧道内渗水情况。摄像头视频发现某 500kV 线路所在隧道内有滴水，如图 6-6 所示。

图 6-6　可视化监测系统显示隧道渗水画面

运维人员现场核实为盾构竖井下，盾构隧道与竖井部分连接处漏水。并联系检修人员到达现场开展防水堵漏工作。

二、水位智能感知系统

通过水位智能感知系统发现某隧道出站口积水过高（已达到警戒线 0.5m 标准），如图 6-7 所示。

水位编码	水位值	采集时间	通信状态
457JJ205SW05	0.5	2(-07-01 08:49:10	通信正常
104JJ202HJ11	0.4	2(-07-01 08:47:59	通信正常
083JJ160SW08	0.4	2(-07-01 08:42:38	通信正常
545JJ203SW01	0.4	2(-07-01 08:52:28	通信正常

图 6-7　水位智能感知系统显示水位数值

联系运维班组前往现场核实，经查隧道内有积水，并安排抽水工作。完成抽水工作后，班组反馈，沟内已无水。精益化系统反馈，该水位探头数值已降至 0m。

三、井盖智能感知系统

发现某监控井盖被人为破坏。

某日，精益化系统显示，某路段井盖报警，报警信号如图 6-8 所示。

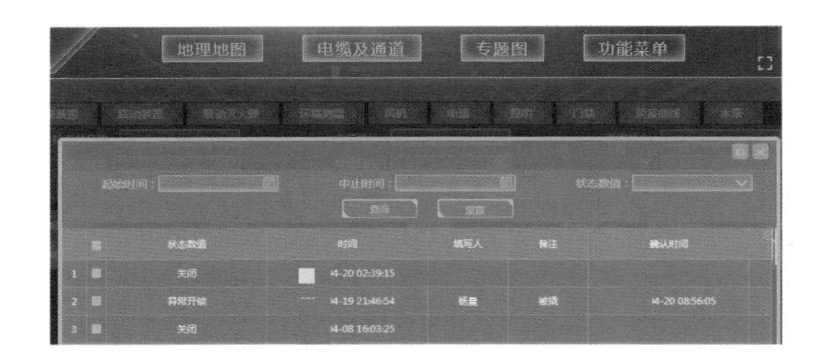

图 6-8　井盖智能感知系统显示异常开锁报警信号

联系运维人员前往现场核实，发现有人施工，施工人员在该单位未上报通道作业计划、未经许可的情况下，私自将井圈及井盖翘起放缆施工，经现场勘查，监控井盖已被破坏，无法恢复，如图 6-9 所示。

图 6-9　现场井盖破坏情况

班组现场随即勒令其停工，并要求现场施工单位赔付受损井盖，并上报公司相关职能部门开展后续处理工作。

参 考 文 献

[1] Harry Orton. 电力电缆技术综述（英文）[J]. 高电压技术，2015（4）：1057-1067.

[2] 杜伯学，韩晨磊，李进，等. 高压直流电缆聚乙烯绝缘材料研究现状 [J]. 电工技术学报，2019，34（01）：179-191.

[3] 金海云，张涛，李志伟，等. 弯曲电加热状态下 110kV XLPE 电缆绝缘层应力对副产物分布，显微结构及性能的影响 [J]. 高电压技术，2019，45（2）：448-455.

[4] 周凯，李康乐，杨明亮，等. XLPE 电缆在不同温度下的力学响应对水树生长的影响 [J]. 高电压技术，2018，44（5）：1428-1434.

[5] 李晨，于强，王林峰，等. 分布式局部放电监测技术在高压电缆绝缘性能检测中的应用 [J]. 电工技术，2021（03）：84-86.

[6] 王备贝. 电力电缆绝缘缺陷检测方法的研究 [D]. 北京：华北电力大学，2013.

[7] 姜芸，周韫捷. 分布式局部放电在线监测技术在上海 500kV 交联聚乙烯电力电缆线路中的应用 [J]. 高电压技术，2015，41（04）：1249-1256.

[8] 张海龙. 110～220kV XLPE 电缆绝缘在线检测技术研究 [D]. 武汉：武汉大学，2009.

[9] 王智罡. 高压电缆护层电流在线监测装置研究 [D]. 武汉：华中科技大学，2019.

[10] 高云鹏，谭甜源，刘开培. 电力电缆温度监测方法的探讨 [J]. 绝缘材料，2014，47（6）：13-17，22.

[11] 罗新. 10kV 电缆在线局部放电检测的去噪及识别方法研究 [D]. 广州：华南理工大学，2014.

[12] 郑文栋，杨宁，钱勇，等. 多传感器联合检测技术在 XLPE 电缆附件局部放电定位中的试验研究 [J]. 电力系统保护与控制，2011，39（20）：84-88.

[13] 赵洋，李光，刘青，等. 北京地区电力隧道运行及结构灾害研究 [J]. 电气应用，2017，36（7）：28-32.

[14] 白亮. 基于 DTS 的电力电缆温度在线监测装置研究 [D]. 太原：太原理工大学，2019.

[15] 曹健. 基于光纤测温技术的蒙西地区侏罗纪煤层采空区火区探测研究［D］. 石家庄：华北科技学院. 2015.

[16] 李胜国. 电力电缆及其管沟在线综合监控系统的研究［D］. 济南：山东大学. 2017.

[17] 郭卫，周松霖，王立，等. 电力电缆状态在线监测系统的设计及应用［J］. 高电压技术，2019，45（11）：8.

[18] 翟浩. 电力电缆故障在线监测及预警系统的研究［D］. 南京：东南大学，2016.

[19] 朱建宇. 10kV 铠装电缆综合监测预警系统应用研究［J］. 技术与市场，2012（12）：3.

[20] 张洪伟，刘俊方. 输电电缆综合在线监测预警系统［J］. 硅谷，2010（12）：4.

[21] 丁然，田野，任红向，等. 气隙局部放电模型改进及仿真［J］. 高电压技术，2016，42（12）：7.

[22] 贾雅君，刘斌，罗浩，等. 一种电力电缆接头局部放电监测系统：CN202210106097.9［P］. 2022-05-06.

[23] 王恩德，仇天骄，朱占巍，等. 500kV 电缆送电工程技术研究与应用［J］. 中国电业（技术版），2014（5）：36-41.

[24] 刘皓. 高压电缆网一体化运行监控体系及效益分析［D］. 北京：华北电力大学，2013.

[25] 黎水平，林志欣，周斐，等. 一种隧道有毒有害气体综合检测系统：CN117054596A［P］. 2023-11-14.

[26] 陈俊德，展飞，窦巍，等. NB-IOT 物联网技术的智能防盗井盖的研究［J］. 电子世界，2021（2）：57-58.

[27] 杨震威，于冠军，张明广，等. 一种用于监测隧道沉降的水准仪：CN208860338U［P］. 2019-05-14.

[28] 郑元勋，杨震威，马宝国，等. 电缆架空线混合线路故障电流采样装置及在线监测系统：CN211086486U［P］. 2020-07-24.

[29] 高伟. 矩阵式红外测温仪在 10kV 开关柜在线监测中的应用［D］. 保定：华北电力大学，2017.

[30] 李小力. 红外矩阵测温器在电力系统中的应用和设计［J］. 通信电源技术，2021（9）：51-53.

［31］王恩德，马学良，仇天骄，等．综合管廊电力舱综合监测系统集成化研究［J］．农村电气化，2021．

［32］吴健儿，娄雨风，杨先进，等．应用于电力线路施工的探测系统的电源稳压模块：CN212258789U［P］．2020-12-19．

［33］曹必胜．浅谈广电光缆工程施工规范［J］．通讯世界：下半月，2015（1）：1．

［34］邱雷．电力通风亭通风孔在线启闭装置的应用［J］．传感器世界，2016，22（11）：5．

［35］邵新炜，陈阳，姜玉林，等．基于在线监测与智能联控的电缆隧道防火系统：CN214388588U［P］．2021-10-15．

［36］刘凯．电力隧道智能巡检机器人系统的技术探讨［C］//北京：中国电力规划设计协会 2013 年供用电设计技术交流会．中国电力规划设计协会，2013．

［37］周军．自贡 110kV 道生灏变电站电缆温度智能监测系统应用研究［D］．重庆：重庆大学，2009．